拿起手机拍美照

（超值版）

陈丹丹 著

人民邮电出版社
北京

图书在版编目（CIP）数据

拿起手机拍美照 ： 超值版 / 陈丹丹著. -- 北京 ：
人民邮电出版社, 2017.9
ISBN 978-7-115-46481-1

Ⅰ. ①拿… Ⅱ. ①陈… Ⅲ. ①移动电话机－摄影技术
Ⅳ. ①TN929.53

中国版本图书馆CIP数据核字(2017)第176769号

内 容 提 要

本书的内容丰富，讲解扎实。相信会对广大摄影爱好者和该机型的相机使用者有极大的帮助。使用手机拍摄照片，在我们的日常生活中已经是一件非常普通平常的事儿了，我们几乎每天都会做。如何用手机拍摄出令人惊叹不已的摄影作品，而不只是随手拍的纪念照呢？这就需要你掌握一定的技巧了。

本书将教会大家如何熟练地操作手机的拍摄功能，例如如何对焦、如何测光等。还将教会你如何让照片更具艺术魅力的一些方法，这部分内容主要教会大家一些摄影的用光、构图技巧。本书还讲解了多种摄影题材的实战经验，包括旅行风光、生活人像、可爱儿童、诱人美食、静物小品、美丽花卉等。此外，本书还介绍了几种实用有趣，并且功能强人的手机摄影后期APP 软件的使用方法。

本书适合所有爱好手机摄影的初学者阅读学习。

◆ 著　　　　　陈丹丹
　责任编辑　陈伟斯
　执行编辑　杨　婧
　责任印制　周昇亮

◆ 人民邮电出版社出版发行　　北京市丰台区成寿寺路 11 号
　邮编　100164　　电子邮件　315@ptpress.com.cn
　网址　http://www.ptpress.com.cn
　北京方嘉彩色印刷有限责任公司印刷

◆ 开本：787×1092　1/32
　印张：4.875　　　　　　　2017 年 9 月第 1 版
　字数：199 千字　　　　　2017 年 9 月北京第 1 次印刷

定价：39.00 元

读者服务热线：(010)81055296　印装质量热线：(010)81055316
反盗版热线：(010)81055315
广告经营许可证：京东工商广登字 20170147 号

前言

近年来，手机的拍照功能越来越强大，曾经，手机拍的照片与相机拍的照片之间有着清晰的界限，而如今这个界限已经逐渐模糊起来。

“手机拍的！”，这句话所蕴藏的内涵也在发生一些微妙的变化。之前，大家在朋友圈晒照片的时候，会在文字注解的最后打个括号，加上一句：手机拍的！内中含义呢，就是说这个照片看上去拍得一般，不过不是我摄影水平太差，只不过因为这个照片不是用数码相机拍摄的，只是手机随手拍的而已。但这一两年来，“手机拍的！”，这句话所折射出来的含义，更偏向于：这个照片这么震撼，效果这么好，居然是用手机拍摄的？！太厉害了，手机都能拍成这样，太强大了！

从中我们不难看出：第一，近年来，各品牌手机在拍摄功能上的日渐强大。第二，用手机拍摄照片，在人们日常生活中已经是如同吃饭穿衣一样普通平常的事情。曾经需要很隆重地举起相机拍摄的某些场合，公园里，聚会上，现在大家更多是习惯性地拿起手机随时一拍，在手机上简单处理一下，之后发微博，发朋友圈，方便快捷，传播快速。对，便携和快速传播是手机拍摄的最大优势。手机作为一个通信工具，小巧便携，大多时候都是随身携带，可以轻松实现边走边拍，传播起来也方便。

不过，手机毕竟不是专业的摄影器材，在拍摄功能上难免会有些劣势。外观简约超薄的设计，是现在主流手机追求的特点，这样就使手机内的很多硬件设备无法跟专业相机相比，拍摄功能也受到一定限制。在摄影创作时，如何避免手机拍摄功能上的这些劣势，扬长避短，拍摄出更好的照片呢？

本书有专门的章节教大家如何操作手机的拍摄功能，比如如何对焦，如何测光，如何使用手机进行连拍，如何拍摄有趣的画面效果等。不过，手机毕竟只是一个工具，手机摄影，归根结底，还得回归到摄影之上。如何用手机拍摄出高水平的作品，除了要熟练操作手机，熟悉手机摄影的优劣势，扬长避短之外。摄影作为一个艺术门类，基本的构图、用光等技巧，同样需要掌握。

本书一方面能够教会大家如何更好地操控手机，让手机的拍照功能发挥到极致。还会教大家一些最实用、最容易掌握、最出效果的构图方法和用光技巧。同时，还会让大家学到各种常见拍摄题材的实战经验，比如，如何搞定孩子？如何拍好猫猫狗狗？如何将餐桌上的美食拍得更有吸引力？如何将旅途中的一景一物表现得更有意境？ 如何通过手机后期软件简单处理照片等。

总之，阅读完本书，相信你也能拍摄出让人惊叹不已的手机摄影作品！

目录

第 6 章

手机拍旅行风光

第 7 章

手机拍人像

第 8 章

手机拍儿童

第 9 章

诱人美食这样拍!

第 13 章

功能强大的手机摄影 APP

第1章

熟练掌握各种手机拍摄功能

也许大家都觉得使用手机拍照是非常简单的事情，只要打开手机拍照功能对准画面拍摄就可以了。其实，如今的手机已与以往不同，其更像是与手机融合在一起的一个相机，里面有很多如专业相机一样的拍照功能，比如对焦点的选择、测光的选择、构图线的应用、HDR模式、连拍模式的运用等，这些功能都可以帮助我们在各种不同的拍摄环境下得到最专业的手机摄影作品。也只有在熟练掌握这些功能的情况下，我们的拍摄才会更加得心应手。

1.1 精准对焦让主体更清晰

也许很多初学者都遇到过这种情况，照片拍摄完成后，画面中的主体模糊不清，而其他地方却很清晰，造成这种情况的原因绝大多数情况是因为没有准确选择对焦点的位置，对焦不正确。还有一种情况就是手机距离被摄主体太近，超出了手机能够自动对焦的范围。此时我们需要重新调整手机与主体的距离。

手机拍照时的对焦，一般都是由手机内部自动对焦系统来完成的，手机拍摄目前还不能像数码单反相机那样进行纯手动对焦操作，不过，手机拍摄时对焦点的位置可以由我们自己来选择，准确选择对焦点位置是确保主体清晰的基础。

我们目前使用的手机绝大部分都是触屏手机，而随着手机中自动对焦技术的不断进步，对焦操作越来越方便、快捷。大部分品牌手机的拍照方式基本相同，打开手机的拍摄模式后，用手滑动对焦选择框，将对焦选择框滑动到主体位置然后松手，对焦选择框就会自动对我们所选择的位置进行对焦，其对焦过程我们可以用肉眼看出来。

另外，使用苹果系统手机拍摄时，对焦完成后按下拍摄键不放，是连拍模式。使用安卓系统手机拍摄时，按住拍摄键不放可以设置为重新对焦，也可以设置为连拍模式。

对焦点在构图线的右上角位置，没有对主体对焦

将对焦点挪动到花朵上，对花儿主体进行对焦

对焦不准确，花儿主体模糊

对焦准确，花儿可以清晰呈现

手机距离花朵太近，无法对焦，花儿主体模糊

将手机稍微远离一点儿花朵，对焦准确，花儿可以清晰呈现

1.2 准确测光让照片曝光准确

很多人都觉得，手机拍照没有什么难度，只要把手机镜头对准要拍的地方按下快门就可以了，这种说法也对，手机拍照的确要比单反相机方便很多，但其实手机在记录画面瞬间时，其内部还会对画面进行测光，如果我们很随意地拍摄而不考虑手机测光，可能会造成画面过曝或欠曝的现象发生，导致画面过暗或者过亮，从而失去画面细节。

在使用手机拍照时，我们还会遇到这样的情况，对相同的画面多拍摄几次，会发现这些照片中的主体或者陪体的亮暗细节会有所不同，这其实是手机的测光系统起到的作用，手机对画面中不同亮度的区域进行测光，就会产生不同的曝光效果，如果我们熟悉如何正确使用手机的测光，就可以精准地得到曝光准确的照片了。

手机为了获得正确的曝光参数，测光系统会对拍摄画面中的光线、色彩等因素进行侦测，我们将手机测光点放在主要表现的画面区域进行侦测，得到的曝光才是最准确的，这是因为在测光时，得出的曝光参数不能兼顾到画面中的所有事物。所以有时如果不注意测光点位置，在拍摄光比较大的场景时就容易出现主体过曝或者主体过暗的照片。

对建筑中比较暗的区域进行测光得到的效果

对建筑中比较亮的区域进行测光得到的效果

如果拍摄现场的光线很强烈，建筑物受光不均匀，我们可以选择在顺光位置拍摄，以减小光比反差，使用正确的测光方式，可以让建筑物完美地呈现在画面中

对准画面中太阳周围较亮的区域进行测光，可以保证天空大部分细节的同时，将地上的景物压暗成剪影效果

需要注意的是，如今手机中的测光点位置移动起来非常方便，只要在拍摄模式下用手点一下需要测光的物体位置，测光点便会自动对我们触摸的位置进行测光。

在一些安卓系统的智能手机中，测光点的测光区域是可以设置的，通常的测光区域选择有：矩阵测光、中央重点测光、点测光，这些测光模式能够帮助我们在拍摄时更加精准地对画面进行测光。在iPhone系列手机中，测光点的测光区域目前是无法进行设置的，但凭借其强大的传感器及优质的制作工艺能够让我们在拍摄时很好地控制画面曝光。

iPhone6s手机中的测光点位置选择

通过手指移动测光点位置

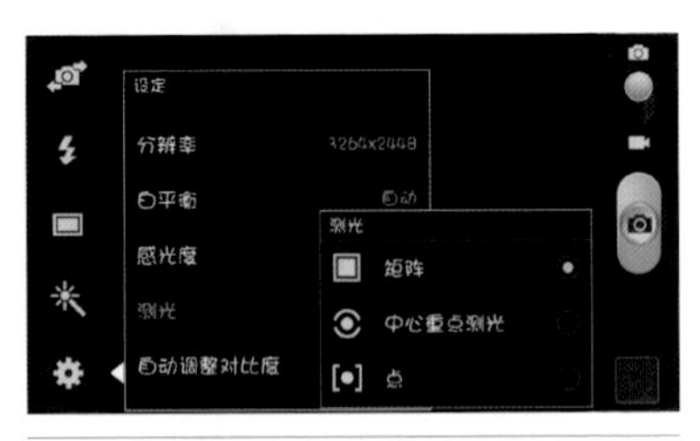

三星手机拍照功能中的测光模式设置

1.3 随时调整曝光补偿让画面明暗适中

如今，有越来越多的数码相机功能被应用到手机拍摄中，这其中，曝光补偿就是一项非常实用的功能，而现在市面上的大部分手机也都拥有此项功能。

曝光补偿的作用很好理解，在使用手机拍摄时，如果感觉拍摄出的画面比较亮或者比较暗，我们可以通过提升曝光补偿增加画面亮度，或者降低曝光补偿减少画面亮度。需要注意的是，提升或降低曝光补偿要适度，防止画面细节丢失。

增加和降低曝光补偿的具体操作是：当我们选择好对焦点位置后，手机屏幕上会出现一个“小太阳”的标识，我们点住这个“小太阳”，同时上下滑动，就可以达到增加或者降低曝光补偿的目的。

用手机拍摄明暗反差较大的场景时，可以通过向下滑动“小太阳”来减少曝光补偿让画面曝光不足，使明暗对比效果更加明显

如果向上滑动“小太阳”来增加手机曝光补偿，会导致画面过亮

拍摄造型精美的小壁灯时，为了使明暗反差效果更加明显，可以通过降低曝光补偿的方式，得到明暗对比更大的画面

1.4 利用HDR功能轻松应对大光比环境

如果拍摄现场光线明暗对比比较大，会影响到主体亮部细节或是暗部细节的表现，如果想要让画面既保留亮部细节也保留暗部细节，可以打开手机拍摄功能中的HDR功能。

HDR功能开启后再去拍摄，就等于拍摄了三张照片，分别为对应的欠曝、过曝和正常的曝光照片，再自动合成为一幅照片，这样画面中的暗部细节与亮部细节就都可以得到保留。

在拍摄时，需要我们注意的是，并不是所有场景都适合开启HDR模式，这取决于我们想要的拍摄效果。有很多带有意境效果的画面都需要通过明暗对比来实现，比如画面中的阴影、倒影等，那时开启HDR只会将明暗反差降低，失去了原本想要的效果。

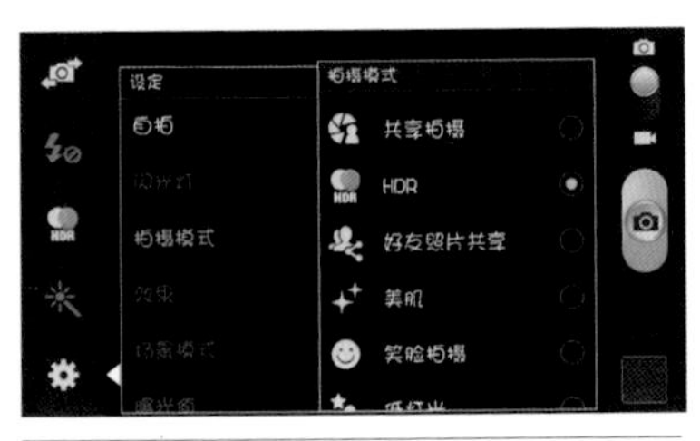

三星手机拍摄功能中的HDR选择

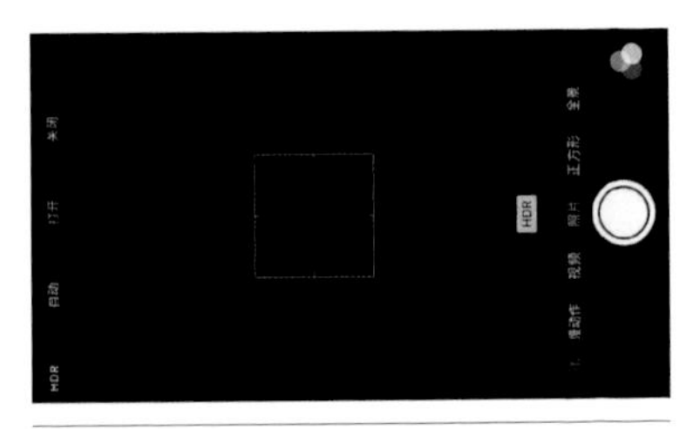

iPhone手机拍摄功能中的HDR选择

没有开启HDR模式拍摄的花儿，暗部细节没能得到很好的表现

开启HDR模式后拍摄，花儿的暗部细节也呈现在画面中

1.5 学会灵活运用定时器拍摄

使用手机定时器时，我们可以先设置好定时器的时间，然后再按下快门拍摄，这样手机会根据所选定的定时器时间来释放快门，通常，手机定时器有2秒、3秒、5秒、10秒等不同时间的设置，具体时间取决于不同品牌的手机。

定时器给我们的印象大多是在自拍时使用，但其实无论是使用手机还是数码相机，定时器中的2秒、3秒设置一般不会用作自拍，这种短时间的定时一般会搭配三脚架使用，用于拍摄微距或是其他需要保持相机稳定的拍摄题材。10秒定时通常用作自拍或者是合影时使用，将手机固定在三脚架上，或是将手机放置在一个稳定的位置进行拍摄。

可以配合三脚架使用手机定时器

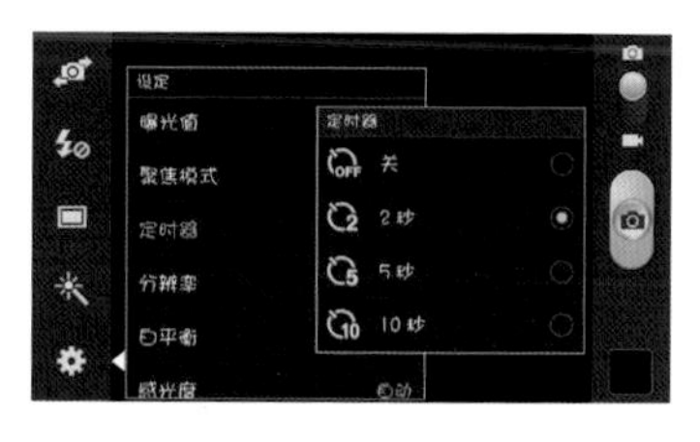

三星手机拍照功能中的定时器时间选择

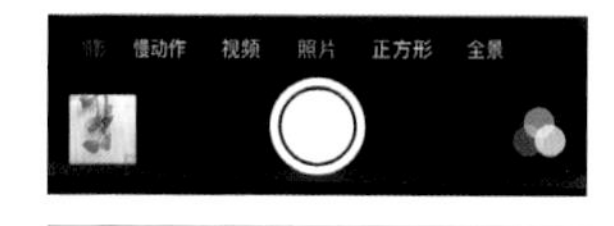

iPhone手机中的3秒定时设置

iPhone手机中的10秒定时设置

拍摄微距花卉时，将手机定时器设定为2秒并配合三脚架，可以拍摄出非常清晰的微距照片

拍摄合影时，可以将手机固定在三脚架上，将定时器设定为10秒，这样拍摄者也可以有足够的时间进入画面一起合影

1.6 开启屏幕辅助线让构图更简单方便

在摄影创作时，无论是使用专业的数码相机拍摄还是使用手机拍摄，严谨的构图都是非常重要的。

我们目前使用的手机，绝大部分都具备构图线功能。使用构图线辅助构图拍摄，可以使拍摄出的画面构图更加严谨。

打开手机的构图线，会看到构图线将屏幕平分成九份，也就是一个标准的九宫格。使用构图线拍摄照片，可以更好地掌握画面的平衡，更加容易地将主体放置在画面黄金分割点位置，想要使用三分法构图、水平线构图 、黄金分割法、井字形构图等构图方法时，利用构图线辅助我们构图拍摄是最好的选择。

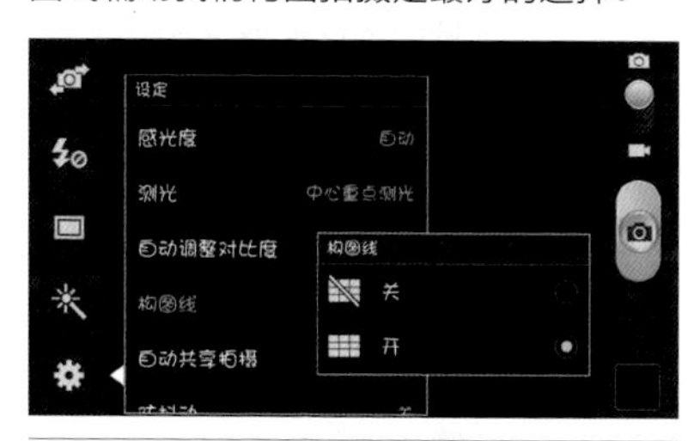

三星等一些安卓系列的手机可以在拍摄界面打开构图线

在iPhone系列手机中，需要在手机设置中，找到照片与相机，然后打开网格，即构图线

在拍摄风光照片时，使用构图线辅助构图可以更加方便地保持画面的横平竖直，并且能更精准地找到画面的三分线位置

1.7 弱光环境下开启闪光灯为主体补光

一般搭配在手机上的闪光灯都是LED灯，它与数码相机的闪光灯在补光效果上还是有些差别的，因为数码相机普遍使用的是氙气灯，补光要远远大于手机上的LED灯。但如果我们想要在光线不好时或者是夜间拍摄，打开手机中的闪光灯进行补光，也可以使画面得到明显改善，拍摄出清晰的主体。

不过，使用手机闪光灯拍摄时，要控制好手机与被摄主体之间的距离，距离太近，容易造成曝光过度，距离太远，又起不到补光效果。

通常手机闪光灯的设置有自动闪光灯模式、开启闪光灯模式和关闭闪光灯模式。

开启自动闪光灯模式：手机将自动分析现场光线环境，根据现场光线环境的亮暗自动开启或者关闭闪光灯进行拍摄。

开启闪光灯模式：在此模式下即使是在白天光照好的环境，闪光灯也会随着按下快门而进行操作补光。

关闭闪光灯模式：即使是在黑暗的地方闪光灯也不会开启。

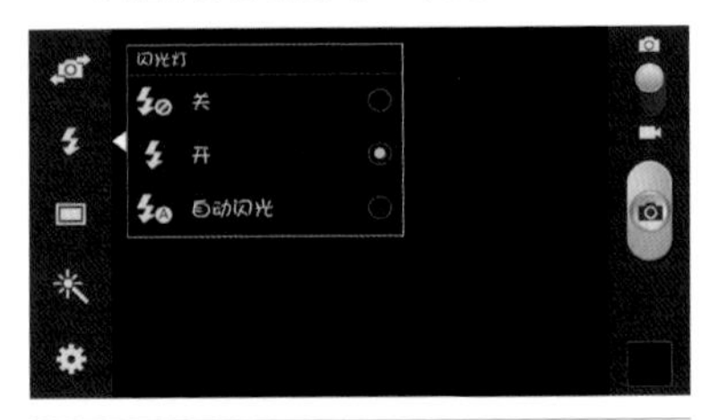

三星智能拍照手机中的开启闪光灯选择

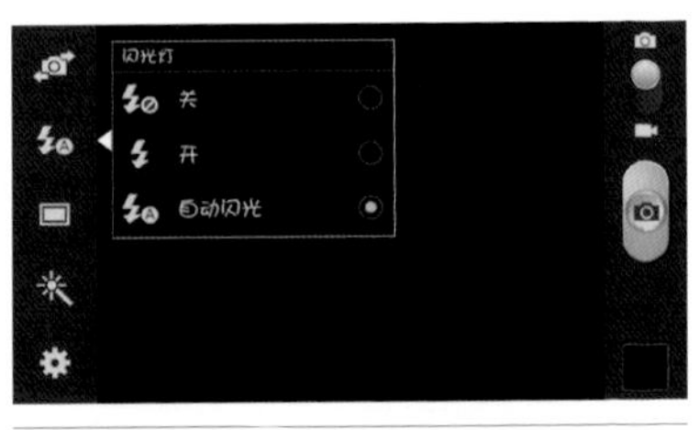

三星智能拍照手机中的自动闪光灯选择

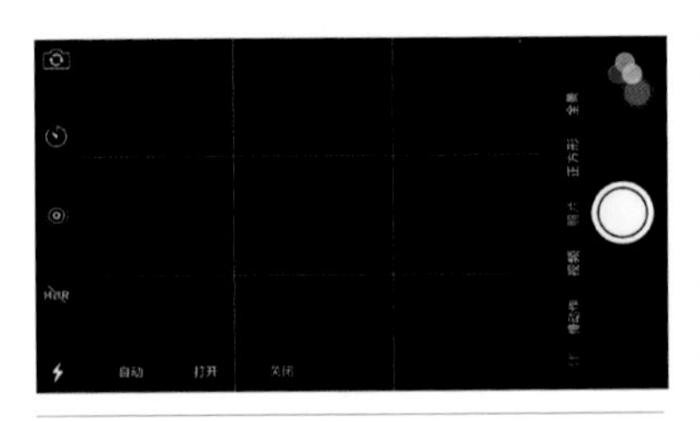

iPhone6s 手机中的关闭闪光灯

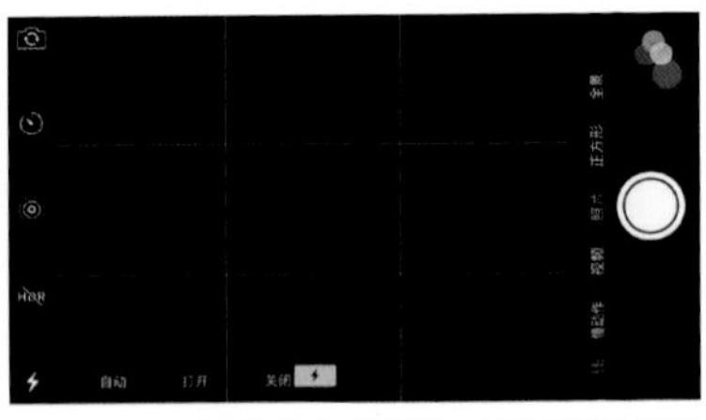

iPhone6s 手机中的开启闪光灯

在光线很弱的环境下拍摄花卉，得到的画面很暗，而且噪点很多，主体得不到体现

在光线微弱的环境里拍摄花卉，可以打开手机闪光灯拍摄，得到明暗对比的画面，花卉形态、细节都可以得到很好的表现

需要注意的是，并不是所有弱光环境都适合开启闪光灯，开启闪光灯的确可以将主体清晰地呈现在画面中，但闪光灯只会将离镜头近的被摄体照亮，背景则会被压暗，漆黑一片，如果我们需要将背景也表现出来，则不适合使用闪光灯。

使用闪光灯拍摄后，主体得到清晰呈现，但背景一片漆黑

没有使用闪光灯拍摄，背景在画面中起到烘托场景的作用，画面形成的噪点在一定程度上可以通过后期软件处理掉

1.8 高速连拍捕捉运动瞬间

生活中有些精彩的瞬间只是刹那而过的，单张拍摄的方式很可能得不到我们想要的效果，此时手机的连拍功能便可以派上大用场。

近几年，随着手机拍照功能的不断提高，大多数智能手机都具有高速连拍的功能，而且连拍速度与专业的数码相机相比也并不逊色，这无疑使我们在抓拍一些精彩瞬间或者是抓拍一些运动画面时应用自如。

如今的手机大多是大屏幕触摸形式，我们在连拍时只要按住屏幕上的快门按键不放，便可以进行高速连拍。需要注意的是，尽管画面是一些高速运动的画面，我们在连拍时最好还是要注意画面构图，保证主体在取景画面内。

iPhone手机的ios系统中，通常只要按住拍摄模式不放，便可以直接进行连续拍摄。在使用安卓系统手机时，比如三星NOTE系列手机，想要连续拍摄，需要我们在拍摄界面找到急速连拍模式，然后开启连拍选择，之后常按快门键不放，则可以进行连续拍摄。

使用连拍模式拍摄运动中的人，可以提高拍摄的成功率（京内麦子 摄）

开启三星手机的高速连拍功能

在iPhone手机的拍照功能中，只要按住快门键不放，就可以对画面进行高速连拍

使用高速连拍模式拍摄的孩子在水中玩耍的瞬间

1.9 Android系列手机中的测光区域选择功能

如今在安卓手机中，测光模式常会有多种选择：矩阵测光、中央重点测光、点测光都是比较常见的测光区域选择。

矩阵测光：对画面中整体区域的光线强弱和色彩等情况进行侦测分析，之后自动得出一个曝光值。这种测光模式适合场景中光线、色彩等反差不大的情况下使用。

中央重点测光：是指将测光的重点放置在画面的中心约占75%的区域。在光线色彩反差较大的情况下，这种测光模式比矩阵测光更加容易控制效果。

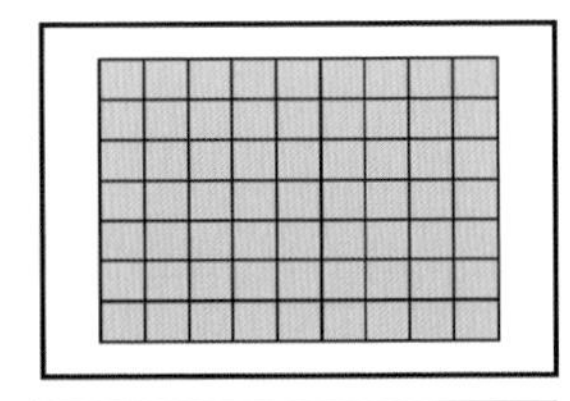

矩阵测光测光区域范围的示意图

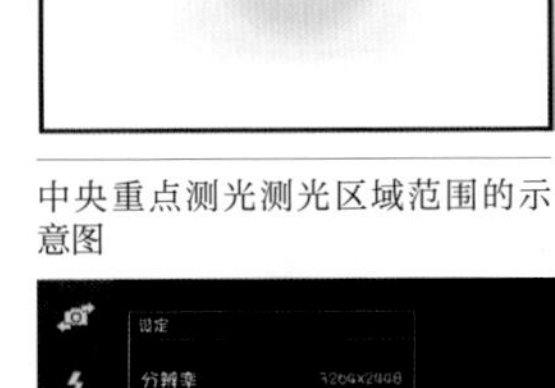

中央重点测光测光区域范围的示意图

三星手机拍照功能中的矩阵测光模式选择

三星手机拍照功能中的中央重点测光模式选择

在拍摄风光照片时，我们可以将手机的测光模式调整为矩阵测光，这样手机会兼顾到整幅画面的曝光

点测光：是指仅对画面中较小区域（约占整体面积的1.5%～3%）进行测光，测光点所侦测的画面是非常小的，但所测到的结果是非常精准的，这种测光模式适用于场景光线反差很大，或者是主体在画面中所占比例很小的时候使用。

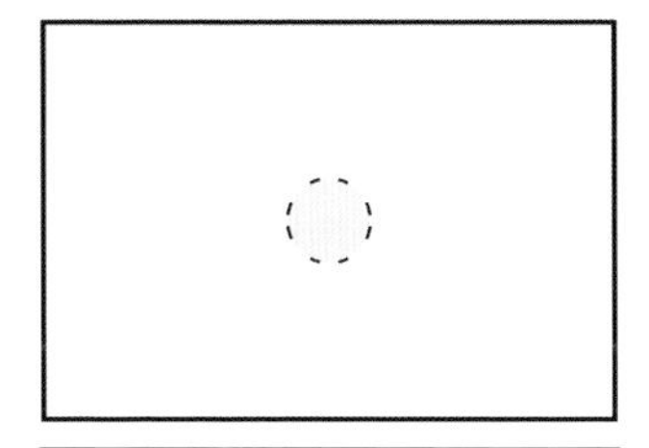

点测光测光区域范围的示意图

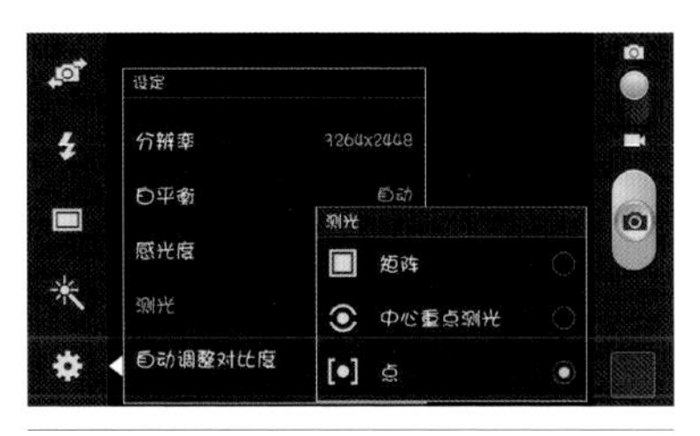

三星手机拍照功能中的点测光模式选择

在拍摄建筑剪影时，可以将手机设置为点测光模式，只对天空亮部区域测光，建筑会成黑色的剪影形态，很有画面感

1.10 iPhone系列手机中的曝光和对焦锁定

通常，我们在使用手机进行拍照时，都是先对画面进行构图，然后再进行对焦和测光。此外还有一种拍摄方式，是先对画面进行对焦和测光，之后再进行构图，也就是拍摄时二次构图，前提是手机要有自动曝光/自动对焦锁定功能。

如今，大部分手机的测光区域和测光点会随着手机屏幕的移动而改变，移动屏幕后，手机还需要再次对主体进行对焦和测光。iPhone手机为了满足人们的更多需求，拍照功能中则具有自动曝光/自动对焦锁定功能。取景拍照时，选择好主体，通过长按屏幕上主体的位置，手机会对主体进行对焦锁定，并在对焦框上方出现自动曝光/自动对焦锁定的提示，此时再移动手机屏幕，对焦位置则不会改变，主体还会保持清晰，手机对之前主体的测光也不会改变，这种功能可以使我们的拍摄创作变得更加灵活。

长按想要对焦锁定的区域，对焦锁定完成的，屏幕会出现“自动曝光/自动对焦锁定”的提示

之后，我们可以重新对画面进行构图，而焦点和之前的测光都不会改变

拍摄花卉等植物题材的照片时，运用iPhone手机中的“自动曝光/自动对焦锁定”功能，可以使我们的拍摄更便捷

1.11 全景拍摄模式的几种有趣玩法

如今，市面上绝大多数手机都有全景拍照功能，并且操作也非常简单。我们在使用数码单反相机拍摄全景时，需要先拍摄多张画面，然后再利用电脑后期进行拼接才可以完成全景拍摄。而在使用手机拍摄全景画面时，则可以实现即拍摄即拼接，直接完成全景作品。其实，手机的这种全景拍摄功能，不单单可以拍摄正常的全景照片，还有好几种有趣的玩法，下面我们就为大家详细介绍一下。

1.11.1 正常全景拼接拍摄

正常全景拼接非常简单，打开全景拍摄模式后，通常都会在屏幕上出现水平指示箭头，只要按下快门键，沿着箭头所指方向拍摄，并与箭头保持水平，就可以拍摄成功。拍摄时需要保持手机的稳定性以及拍摄时手机的水平角度，要避免在拍摄过程中有任何的垂直移动或者是倾斜。

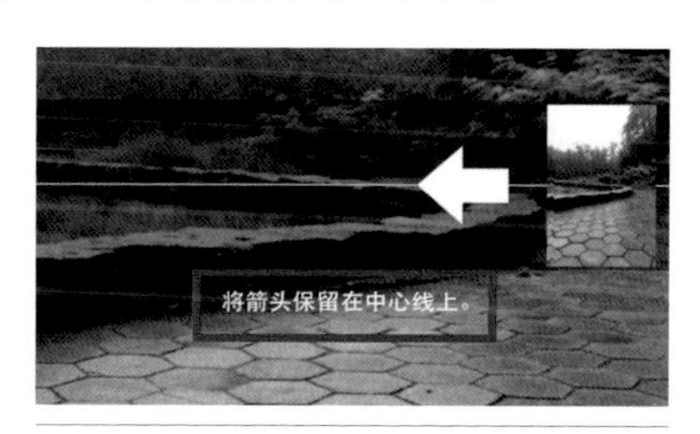

拍摄全景照片，始终要保持相机的水平。我们可以根据手机中的箭头位置提示，让箭头保持水平移动

拍摄全景时，如果箭头的位置高出了水平线位置，手机屏幕会有所提示，我们需要慢慢地将手机向下移动，让箭头重新回到水平线上，或者重新拍摄

如果箭头的位置低于水平线位置，手机屏幕也会有所提示，我们需要慢慢地将手机向上移动，让箭头重新回到水平线上，或者重新拍摄

将海边的礁石以全景方式呈现出来，画面显得开阔大气

1.11.2　拍出同一人物多次出现在画面中的趣味效果

由于手机拍摄全景时是即拍即拼的形式，我们可以利用这种全景拍摄形式让同一人物多次出现在画面中。具体方法如下：

1. 让人物先站在全景画面的最右侧或是最左侧，然后按下全景拍摄的快门，此时人物出现在画面中。

2. 当镜头把人物所在区域拍摄完成后，镜头继续移动，而人物从镜头移动的相反方向，从拍摄者背后再次绕到镜头即将拍摄到的画面区域。

3. 等镜头将人物所在区域再次拍摄完成后，继续移动镜头以完成全景拍摄，人物可以再次从镜头相反方向绕过拍摄者，在镜头即将拍摄的区域，提前摆出新的姿势。

4. 注意拍摄者移动镜头的速度一定要慢，按照之前的步骤以此类推，完成全景画面的拍摄，人物将出现很多次。

利用手机的全景拍摄模式，将人物巧妙地多次构建在场景中，画面非常有趣

第 2 章

2 手机摄影第一步：把照片拍清楚

我们在使用手机拍摄照片的时候，不同的题材、不同的拍摄环境、不同的拍摄者，对 照片可能有着不一样的需求，但将画面中的主体拍摄清楚，这是手机拍摄的最基本要求。

而导致照片中主体模糊，不清晰的原因有很多，我们需要针对不同情况来具体解决。

2.1 尽量保持手机稳定

拍摄一张照片最基本的要求，是要让照片中的主体是清晰的，要得到主体清晰的照片，按下快门时保持手机的稳定非常重要。

大多数手机的快门速度都是由手机自动控制的，这就会导致在不同的光线环境中，手机的快门速度会有快有慢，如果手机快门速度比较慢，而在按下快门时发生了抖动，便会造成画面模糊、主体对焦不准等问题。其实，不管拍摄环境中的光线是否充足，手机快门速度快与慢，我们都应该保持手机拍摄时的稳定。

首先，如果我们是在行走中发现想要拍摄的景物，需要停下脚步，之后再去拍摄，不要边行走便拍摄。其次，我们拿手机拍照的姿势要正确，如果姿势不正确，手按快门时也会发生抖动，从而影响画质。如果对拍摄时的稳定要求更高，则需要为手机安装上三脚架，以追求拍摄时的稳定。

使用手机拍摄时的正确姿势：

1. 双手握住手机两侧，用右手的拇指控制屏幕右侧区域的对焦点位置

2. 用左手拇指控制屏幕左侧区域的对焦点位置

3. 双手握住手机两侧，右手大拇指可以控制按手机快门键

4. 双手握住手机两侧，左大手拇指可以按音量键来控制快门

一只手拿手机不能保证手机的稳定，另外一只手去点击快门很容易造成手机抖动

要注意手指不要挡住手机镜头

2.2 先对焦，再按快门

如今，几乎每个人都有能拍照的手机，但有些人对手机的拍照功能还比较生疏，有很多刚接触手机拍照的人会出现这样的错误，显示屏幕只要一出现要拍的景物，就马上按下快门拍摄，这样操作虽然会将画面以最快的速度拍摄下来，但由于手机还未完成对焦，很容易造成画面模糊，主体不清晰。

手机和数码相机一样，在拍摄时需要有一个短暂的对焦过程。一般情况下，手机对准画面中的主体后，屏幕上会有一个自动对焦的对焦框显示出来，我们可以用手指移动对焦框改变对焦位置，等对焦完成后再按快门拍摄。也可以这样说，当我们点击对焦框后，可以用肉眼看到屏幕中的对焦过程，主体会由模糊到清晰，当主体清晰成像不动后，再按快门拍摄，这样，主体在照片中才能清晰呈现出来。

手机还未完成对焦就按下快门，造成主体模糊

手机对主体完成对焦后再去拍摄，主体得到清晰呈现

手机对准主体花卉后，要进行对焦，截图中花卉上的黄色方框就是对焦框，我们可以用肉眼看到花卉从模糊到清晰的过程

等手机对焦完成后，再按下快门拍摄，可以得到清晰的花卉照片

2.3 注意逆光的影响

光线对于一幅照片来说非常重要，如果没有运用好光线，就会对主体的清晰成像产生影响。我们这里所说的影响主要是逆光拍摄的时候，无论是在拍摄人像、风光、花卉还是建筑题材，在逆光环境下拍摄，会使主体面对镜头的一面表现得很暗，主体细节得不到清晰呈现，甚至会使主体细节完全丢失从而形成剪影效果。当然，有时候我们也会特意追求剪影效果，但当想要主体清晰成像时，逆光剪影效果便无法呈现出主体的细节信息。

在逆光拍摄时，我们可以将测光点对准主体测光，比如在逆光环境下拍摄人像照，可以对人脸进行测光，之后再拍摄。不过这种方法也有一个弊端，逆光中的人物面部得到准确曝光，人物背景则会呈现出过曝现象，如果是在游玩时，想要将人物和背景的风光一同合影，如果背景过曝，那么风光的细节也会丢失。最简单的办法就是让主体到顺光或是侧光的位置拍摄，这样便可以得到主体和背景都清晰的画面了。

在逆光环境下拍摄人物，人物正面形成了黑色的剪影，主体细节没有很好表现出来

让人物站在顺光的位置拍摄，可以得到主体清晰画面亮丽的照片

拍摄建筑时，逆光拍摄使得建筑的细节丢失

换个拍摄方位，在侧光位置拍摄，建筑的细节得到清晰呈现

2.4 曝光要准确

还有一种情况也会影响到主体的清晰成像，那就是画面的曝光。

曝光是拍摄照片最重要的步骤，曝光是否准确也影响物体在照片中的真实表现，如果曝光不足，也就是一幅欠曝照片，那么主体细节、色彩等信息就会被画面中的暗调“隐藏”起来，不能得到清晰表现，而如果曝光过度，也就是一张过曝的照片，主体的细节、色彩等信息就会被画面中过曝的亮调区域损失掉。所以，在拍摄时，我们应该注意手机的测光，以及拍摄时的光线环境，只有得到曝光准确的画面，才会使主体得到清晰的表现。

需要了解的是，上面我们所说的欠曝画面会将色彩细节“隐藏”起来，而过曝画面则是损失掉细节，这是因为如果画面欠曝，通过后期还可以将暗部细节修复出来，但如果画面过曝，损失的细节通过后期软件也无法修复。所以在拍摄时，也有宁可欠曝也不要过曝的说法，这也是在不能准确曝光的时候，保护主体细节的一种方法。

餐厅内的光线很暗，并且食物的餐盘是白色的，很容易导致画面过暗，主体细节表现得不清晰

欠曝的画面可以通过后期软件进行修复，使美食的细节得到清晰呈现

由于对画面中的黑色区域测光拍摄，使主体过曝光从而导致亮部细节丢失，即使后期软件也很难恢复其细节

对画面中亮部区域进行测光，即使画面过暗，通过后期处理也可以得到满意效果

2.5 避免画面太过杂乱

使用手机拍摄时，当画面中的对焦和曝光都很准确，景物也得到了清晰呈现，但想要使主体可以得到突出表现，还需要避免画面中有过多杂乱的物体。也就是说，拍摄照片光主体清晰是不够的，如果画面中有很多杂乱物体，并且这些物体也得到了清晰成像，那这幅照片也不能得到很好的画面效果。

解决画面杂乱的办法很简单。第一，手机的内置镜头通常都是恒定的大光圈，我们可以利用大光圈产生的虚化效果，让主体清晰而其他物体成虚化现象。拍摄时的具体办法很简单，让主体与其他无关物体不在一个水平面上，之后靠近主体拍摄，这样背景中的杂乱物体就很容易成虚化现象。第二，可以改变拍摄角度，或是移动拍摄主体，选择简洁干净的场景拍摄，这样主体也可以得到突出体现。

画面杂乱，灯笼无法得到突出呈现

拍摄花卉时，杂乱的背景也得到清晰成像，影响了主体花卉的突出

通过靠近主体花卉拍摄，利用手机大光圈虚化掉背景，主体花卉得到突出表现

通过改变拍摄角度，选择干净的天空作为背景，可以使主体得到突出表现，画面看起来也更唯美

第3章

3 这样构图让照片更具美感

使用手机进行摄影创作，由于手机的自动化程度非常高，光圈、快门等影响曝光的因素几乎都是由手机自行控制的，所以留给我们创作余地最大的就是构图。

构图对画面效果有着至关重要的作用，构图可以增强画面的视觉美感，可以起到优化背景的作用，还可以使主体更加突出，加上我们所学的摄影构图知识，可以使手机拍摄出的照片更具美感。

3.1 不同画幅具有不同效果

我们常见的照片中，如果按画幅来分，可以分为横画幅、竖画幅以及方画幅三种类型，在使用手机进行拍摄时，要考虑好使用何种画幅，因为不同画幅会给画面带来不同的效果。下面，我们就简单为大家介绍这三种画幅。

横画幅

当我们把手机横过来拍摄时，就会得到一幅横向的长方形照片，这就是横画幅照片。由于我们人眼的视觉范围也类似于横向的长方形，所以横画幅的照片符合我们的基本视觉习惯，这样就会使画面看上去更加自然，能够给人平静、宽广的视觉感受。

需要注意的是，在拍摄横画幅的照片时，我们需要注意画面的水平，以保证构图的严谨性。

使用横画幅拍摄建筑群，更多表现的是建筑的连绵起伏

在表现视角比较宽广的场景时，一般使用横画幅来拍摄

竖画幅

拍摄竖画幅照片和拍摄横画幅照片的道理是一样的，只要我们将手机竖向拍摄就可以得到。

通常，我们会利用竖画幅表现主体的高大、挺拔，或是增加画面的纵深空间感，这是因为竖画幅本身就是一个竖立的长方形，这样有利于表现垂直的线条和画面的纵深感，会使画面上下部分的内容紧密联系，所以合理运用竖画幅拍摄，会得到与横画幅不同的效果。

使用竖画幅拍摄高大的建筑，配合仰视角度，可以将建筑表现得高大、挺拔

拍摄向远处延伸的马路，使用竖画幅可以让画面表现得更有空间纵深感，有很强的视觉冲击

方画幅

方画幅是一种长宽比为1:1的正方形画幅，其最早出现在6X6画幅的胶片相机中。

如果使用单反相机拍摄，是不能直接拍摄出方画幅照片的，这是因为数码单反相机没有正方形的感光元件，而手机拍摄就不同了，大多手机自身就带有方画幅的拍摄功能，而几乎所有的手机APP照片处理软件，都会带有裁切功能，即便手机没有直接拍摄方画幅的功能，只要将所拍照片后期在手机上裁切一下就可以得到方画幅效果。

方画幅是标准的正方形，所以会给人以画面均衡、严肃、稳定、静止的视觉效果，往往这种构图会在表现庄重、稳定的主题上使用。

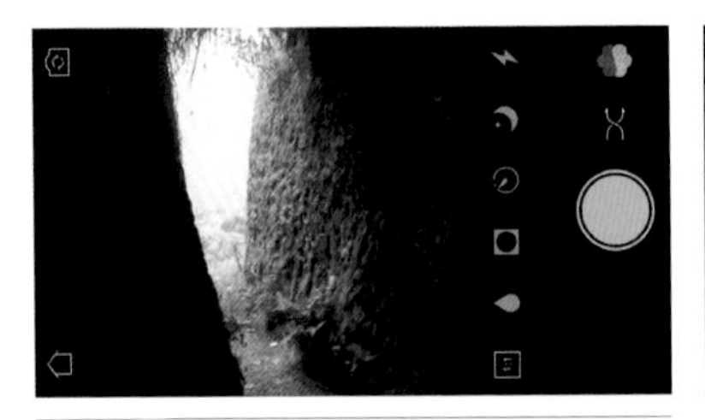

使用手机下载的APP软件拍摄的方画幅照片

使用手机自带的功能拍摄方画幅照片

利用方画幅拍摄花卉时，花儿的花形、色彩可以得到很好的体现

3.2 极简构图

极简构图中的画面元素非常少，大部分画面都被留白占据，主体占很小的一部分，这样会给人一种简单、干净的感觉，同时画面又不乏艺术表现力，因此，极简构图是如今非常流行的一种构图方式。

拍摄极简构图的画面，要注意以下几点：

第一，注意选择简单干净的事物作为主体，保证画面内容的简洁性。

第二，背景不能凌乱，可以选择纯色的画面，或是有规律的元素作为背景。

第三，注意画面中出现的光线，可以利用大光比效果，将主体安排在画面亮部区域，其余大部分区域处在黑暗之中。

第四，注意色彩，可以利用黑白影像的表现手法拍摄，画面大部分为白色，主体为黑色，或是主体是艳丽的颜色，而其余部分为暗淡的颜色。

第五，要有极简构图的构思，极简构图是寻求简单，让画面会给人简单明了的感觉，我们要遵循构图中的减法法则，始终让画面保持一种井然有序的排列，或是呈现出简洁干净的留白。

极简构图让画面表现得简洁、干净

画面大面积留白，剪影形式出现的一棵树，极简构图使画面表现得非常简洁明快

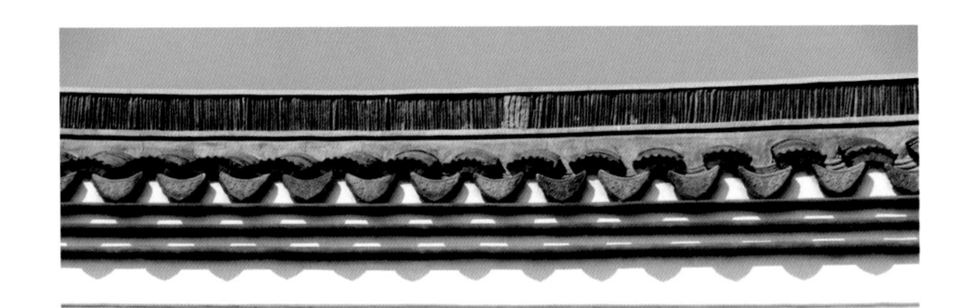

截取建筑中的一小部分，青瓦白墙，画面极其简约，但建筑主体的基本风格却展露无疑

3.3 井字形构图

井字形构图也称九宫格构图，它是手机摄影中经常会用到的构图方式，我们把想要表现的主体放在井字形的交叉点位置，可以达到很好的突出主体效果。

具体拍摄方法很简单，利用虚拟的横竖四条直线将画面平均分成九份，之后将主体安排在井字形的交叉点位置就可以了。如果脑海里想象不出井字形，我们可以打开手机拍摄功能中的构图线，构图线其实就是井字形，这样可以帮助我们更好地进行拍摄。

在使用井字形构图时，需要注意井字形四个交叉点的选择，将主体安排在不同的交叉点位置，会给画面带来不同的视觉效果。一般情况下，井字形的上方两个点的位置要比下方两个点的位置表现更加动感，而左边两个点的位置要比右边两个点的位置表现力更强一些。

在拍摄一些特写的画面，或者是我们想突出主体某一部分时，可以将这一局部安排在井字形交叉点上，可以达到突出局部的效果。

拍摄花卉时，将花蕊中心部分安排在黄金分割点位置，可以使花蕊表现得更加突出

利用手机构图线拍摄，可以准确地找到黄金分割点位置

拍摄海景时，将海边的行人安排在黄金分割点位置，可以使画面表现得和谐、优美

3.4 线元素构图

线元素是构图拍摄时非常重要的元素，它能够使平淡的画面表现得更有吸引力，尤其是使用手机进行摄影创作时，线元素可以使手机拍摄的画面更具魅力，下面我们就介绍一些构图中常会遇到的线元素。

对角线

在日常生活中，对角线元素是普遍存在的，我们可以将主体安排在对角线位置上，让主体呈现出一种对角关系，这样可以使画面表现得更加动感，也可以达到突出主体的效果。

画面中的对角关系可以是物体本身就具有的对角线形态，也可以是通过倾斜手机拍摄的方式让它们成为对角线形态。

需要注意的是，利用对角线对画面进行构图，应该注意避开那些杂乱的场景，让主体以对角线的形式更加简洁地出现在画面中。

可以将岸边的桥作为对角线元素

将岸边的桥作为对角线元素进行构图拍摄，使画面表现得更为动感，画面的空间纵深效果也得到了增加

水平线

在画面中可能出现一条或是数条与地面平行的线，这些线或长或短或隐或现，利用这些水平线元素进行构图，可以让画面产生一种舒适、安宁、平和、稳定的感觉。

水平线在画面中的位置不同，也会给画面带来不同的效果，一般我们会将水平线安排在画面的上三分之一或者下三分之一处，也就是三分法的构图位置，这样的画面更符合人们的视觉习惯，整体会更有美感。

将海天相间的地平线作为画面中的水平线元素

需要注意的是，一定要保持水平线在画面中的水平，一条歪斜的线段会打破画面中的平衡，对整个作品减不少分数，当然那些刻意使用倾斜水平线达到的独特效果除外。我们可以使用周围的景物作为参照物以确保水平线的水平，也可以利用手机构图线来保证水平线的水平。

在拍摄大海时，利用水平线构图拍摄，可以让画面更加和谐、唯美

垂直线

垂直线常会给人一种稳定、安静的视觉感觉，将垂直线应用到摄影构图中，会使画面表现出稳定、挺拔、庄严、硬朗等感觉。

在进行构图拍摄时，如果想要增加画面的立体感与空间感，可以选择一些重复的垂直线元素进行构图，这种重复的垂直线元素会给人们视觉上带来节奏感，而在垂直元素的表现下，还可以使画面有一种独特的空间立体效果。

需要注意的是，在利用垂直线元素进行构图拍摄时，一定要保持这些直线在画面中的垂直，因为一条歪斜的线条很可能打破画面的和谐，造成构图不严谨，让画面失去原有的意境。当然，刻意使用倾斜的垂直线条构图除外。

将城市中的建筑作为垂直线元素

在构图拍摄时，在画面中添加垂直线元素，可以使画面表现出一种庄重、稳定的感觉，让纵向线条保持垂直，可以让画面更显严谨

S形曲线

S形曲线元素可以说是最具美感的线条元素，利用S形曲线进行构图，可以给人一种优美、协调、典雅的画面感。

在实际拍摄时，我们并不要求画面中的S形是一个完美的英文“S”形态，它可以是一些并没有完全形成S形的曲线，也可以是弧度很小的曲线，这些元素都可以进行S形曲线构图。

S形曲线构图多用在拍摄风光题材的照片中，比如森林中的林间小路、平原中的小溪河流，或者是在城市建筑中的公路、立交桥等，都是比较常见的S形曲线元素。

S形曲线构图具有延长变化的特点，可以将画面中近景远景等空间景物，通过S形曲线元素连接在一起形成统一和谐的画面。

利用马路作为S形曲线元素

利用马路形成的S形曲线进行构图拍摄，在展现曲线美感的同时，也引导我们的视线向画面深处延伸，增加了画面的空间纵深感

汇聚线

汇聚线元素是我们不可忽略的线条元素，它给画面带来的效果非常明显，可以使画面表现出强烈的空间纵深感。

汇聚线就是指一些线条元素向画面相同的方向汇聚延伸，最终汇聚到画面中的某一位置。通常，这些线条数量在两条以上才可以产生这种汇聚效果。

汇聚线线条元素的选择可以是清晰的线条，也可以是一些虚拟的线条。这些汇聚线条越集聚，透视的纵深感就越强烈，这也会使普通的二维平面的照片呈现出三维立体空间的感觉，因此这种构图方式拍摄的画面也极具吸引力和艺术魅力。

利用护栏作为汇聚线元素

可以利用护栏形成的汇聚线元素进行构图拍摄，汇聚线元素增加了画面的空间纵深感

3.5 多点式构图

我们常说摄影构图追求的是简单明了，画面中出现的元素不能太多，不过有一种情况，可以使画面有更多的元素出现，即当有很多相同的物体出现在画面中时，我们可以利用这些重复元素进行多点式构图，将这些主体以多点布局的形态安排在画面中。

当一幅画面中有多个类似的元素重复出现时，这些重复的元素会给画面带来一种气势，这是单独一个主体元素所不能达到的效果。

需要我们注意的是，出现在画面中的这些相似主体并不是从属关系，而是并列对等的关系。由于主体都是些相似或者重复的元素，所以尝试变换不同的角度拍摄，可以使主体的特征更为全面地展现在画面中，产生的视觉效果也会有不同的变化。

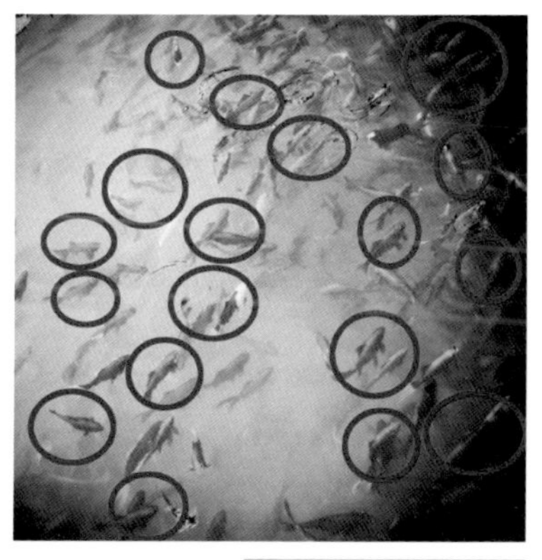

利用水池中的金鱼作为多点构图元素

利用多点构图的方式拍摄金鱼，可以使画面表现得很有气势

3.6 开放式构图

开放式构图是一种颠覆传统构图观念的构图方式，它追求的是给欣赏者带来更大的空间想象。

开放式构图的拍摄方式也非常简单，只要将部分主体保留在画面中，而主体或与主体有关的其余部分切割到画面外就可以了，当人们看到画面中的主体时，就会下意识联想到画面外与主体相关的部分。这种构图方法可以使观赏者从局限的画面联想到画外画面，从而使欣赏者产生更大的联想空间。

开放式构图适合拍摄多种不同题材的照片，比如人物、花卉、自然景物等，只要拿起我们手中的智能拍照手机，利用开放式构图的方式大胆尝试，相信都会拍摄出让人赞赏的照片。

利用开放式构图拍摄小闹钟，主体的不完整带给画面更生动灵活的效果

利用开放式构图拍摄，画面给人很大的想象空间

3.7 适当增加前景

在使用手机进行拍摄时，无论是什么题材，如果感觉画面过于平淡乏味，我们可以尝试为画面增加一些前景进行构图拍摄。

在景别中，前景是指位于画面最前端的景物，在前景位置的可以是主体，也可以是陪体，前景决定画面的结构。我们这里所说的增加前景构图，是指在主体前面添加陪体，让陪体作为画面的前景，不要小看这样的一个动作，它会增加画面的空间层次感，也会起到衬托主体的作用，使画面不显乏味。

需要注意的是，我们要合理安排前景，前景中的景物不要过于抢戏，以免对画面造成喧宾夺主的负面效果。

没有给画面加入前景，照片整体显得比较平淡

在拍摄空旷的大海时，将岸边的植物作为前景安排在画面中，可以增加画面的空间层次感

3.8 选择不同的拍摄角度

仰视

什么是仰视角度？当我们抬起头看天空或是看高大的楼房时就是仰视角度。采用仰视角度拍摄，可以使主体表现得高大宏伟，画面的空间立体感也会表现得很强烈。同时，对主体进行仰视拍摄，还可以起到舍弃杂乱的背景，使主体得到突出的作用。

利用仰视角度拍摄时，会使主体产生下宽上窄的变形效果，当仰视角度越大时，主体的变形效果就越夸张，带来的视觉冲击力也就越强。当仰视角度越小时，主体的变形效果也就越微弱，视觉冲击力也就越小。

在生活中能够应运到仰视拍摄的题材也有很多，比如风光、建筑、人像等需要表现主体高大宏伟的时候都可以使用。

仰视拍摄示意图

仰视拍摄高楼建筑，可以表现出建筑的高大雄伟

仰视角度拍摄小菊花，可以避开周围杂乱的环境，以蓝天为背景，画面更简洁

平视

平视角度是我们在生活中最常接触的视觉角度，利用平视角度拍摄的画面也最符合人眼的视觉习惯。

当我们把手机和主体保持在同一水平位置，就是平视角度拍摄，这种角度拍摄的画面更接近人眼所见的效果，因此，平视角度拍摄的特点是，主体没有明显畸变，画面会给人一种身临其境的感觉。

在使用平视角度拍摄时，需要注意对画面主体位置的掌控，由于平视角度拍摄的画面元素较多，很容易造成主体不够突出的问题，所以在平视拍摄时，我们应将主体安排在画面中最引人注目的位置。

放低手机的拍摄角度，平视拍摄猫咪，可以拉近我们与动物的距离，使猫咪表现得更加可爱

平视拍摄示意图

在拍摄人物照片时，平视角度会让照片更加自然，仿佛身临其境一般

俯视

俯视角度拍摄是指手机的拍摄位置高于主体，形成从上到下的拍摄角度，这种拍摄方式可以让更多的元素进入到画面中，有一种纵观全局的视觉效果。

在采用俯视角度拍摄时，手机离主体的位置越远，所能拍摄到的视角也就越大，画面内的景物元素也就越丰富。而俯视角度通常都是处于较高的位置拍摄，所以拍摄出的画面效果会给人带来较强的视觉冲击力。

在我们平时生活中，俯视角度比较适合拍摄一些城市题材、风光题材等表现大场面的场景。也可以利用俯视角拍摄人像，因为受近大远小的关系，俯视拍摄人像可以得到可爱的大头照效果。

利用俯视角度拍摄孩子，由于近大远小的透视效果，可以使孩子呈现出上宽下窄的有趣画面

俯视拍摄示意图

利用俯视角度拍摄建筑，可以使更多高大的建筑浓缩在画面中，场面非常壮观，视野也非常开阔

特殊视角

特殊视角并不是一个固定的拍摄角度，它是指在某一个特定场景中，用一个比较特殊的拍摄视角，把主体呈现出来，从而得到一个比较独特、新颖的画面效果。

特殊视角的拍摄并不适合所有场景，因为与平视、俯视以及仰视不同，特殊视角需要我们“碰运气”，因为并不是所有主体都有比较适合的特殊角度来呈现。并且我们还需要有一双灵敏的眼睛，去观察和发现可以拍摄的独特视角。

使用正常的拍摄角度拍摄建筑，得到的画面效果有些平淡

通过观察，发现建筑中有很多形状相同的支架，找一个特殊角度将它们有规律地呈现出来，并利用后期软件对原图做一些处理，得到的画面会更吸引人

利用倒置角度拍摄，将建筑物在水中的倒影和一部分水中的景物同时构建在画面中，给人非常新颖的视觉效果

3.9 二次构图

在拍摄照片时，并不是每一次都能得到构图完美的照片，有时会受到拍摄环境、拍照设备的影响，或是因为拍摄时间仓促等原因，导致构图的不严谨、不理想。此时，我们可以对手机照片进行二次构图，让照片构图更加完美。

在手机上为照片进行二次构图非常简单，目前几乎所有的手机图片处理软件都会带有裁切功能，我们可以按照想要的构图效果对原图进行裁切，使得到的画面更加严谨，主体更加突出。

抓拍飞起的海鸥，由于时间仓促，使画面左下方中出现了人物，对画面构图有干扰

利用图片编辑器中的裁切功能，对画面进行二次构图

利用裁切功能，将画面中的人物裁切掉

没有人物出现，画面构图显得更加严谨，主题更加鲜明

第 4 章

4 掌握一些基本的色彩知识让照片更具魅力

看一张照片的时候，照片中的色彩信息是最先被我们关注到的。在手机摄影中，色彩的运用对画面的最终效果起到至关重要的作用。下面我们就为大家介绍一下，在使用手机进行拍照时如何运用这些色彩知识。

4.1 色彩的三要素

首先来介绍一下明度，所谓“明”就是“明暗”的明，简单来说，就是指颜色所显示的明暗程度和深浅程度，比如白色明度强，黄色次之，蓝色更次之，黑色最弱。

另外，对于一种颜色，在其明度不同的情况下也会呈现出不同的视觉效果，比如在蓝色的基础上，改变色彩明度，则会呈现出深蓝、浅蓝等不同视觉效果。

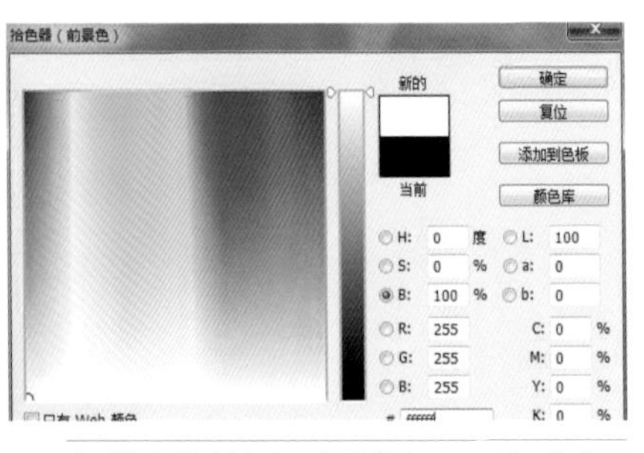

在后期软件中演示，当明度在100%时，色彩呈现出白色

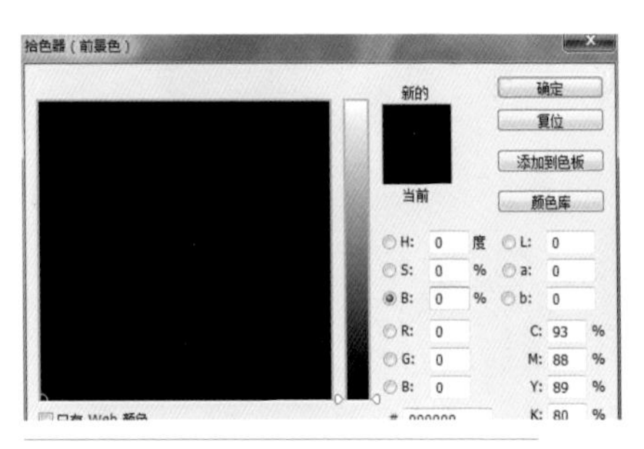

在后期软件中演示，当明度在0%时，照片色彩呈现出黑色

饱和度，又可以称为颜色的纯度，指色彩纯净、饱和的程度。原色饱和度最高，间色次之，复色饱和度最低。

在实际运用中，也可以根据含色成分越大，饱和度越大，消色成分越大，饱和度越小的原理，巧妙运用，从而拍摄出更加精彩照片。

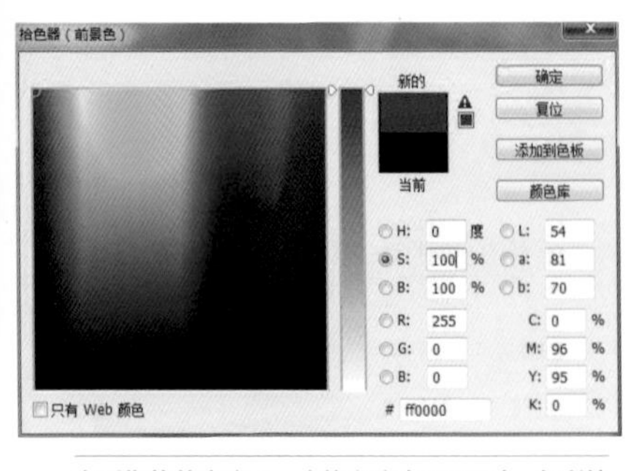

在后期软件中演示，当饱和度在100%时，色彩纯度最高

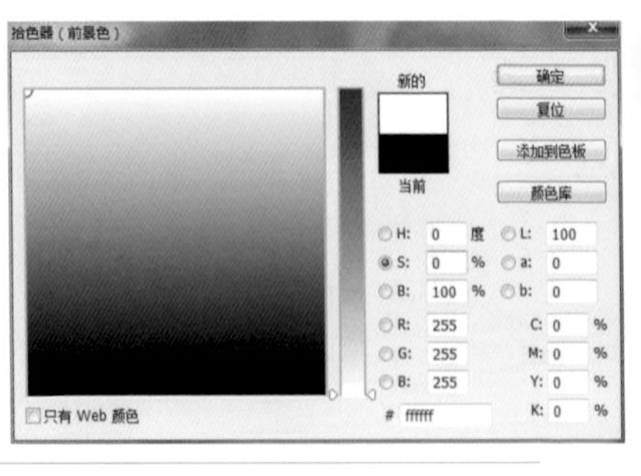

在后期软件中演示，当饱和度在0%时，色彩纯度最低

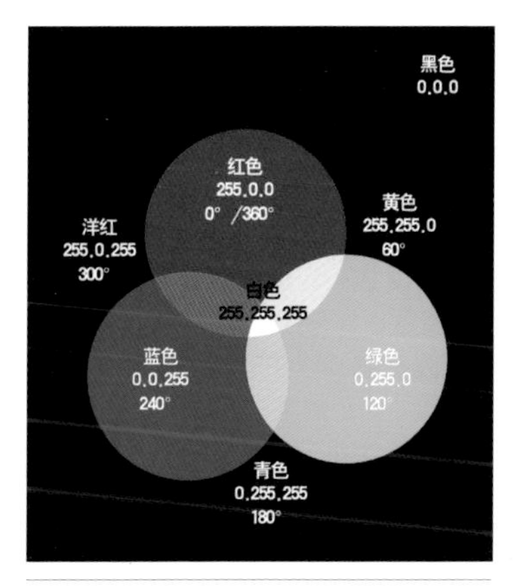

图中所有色相为：蓝色、绿色、红色、白色、黑色、洋红色、青色、黄色

色相，简单来说，就是指色彩的相貌，比如红、黄、绿、蓝等各有自己的色彩面目。也就是当人们看到某种颜色时，所叫出的色彩名称。

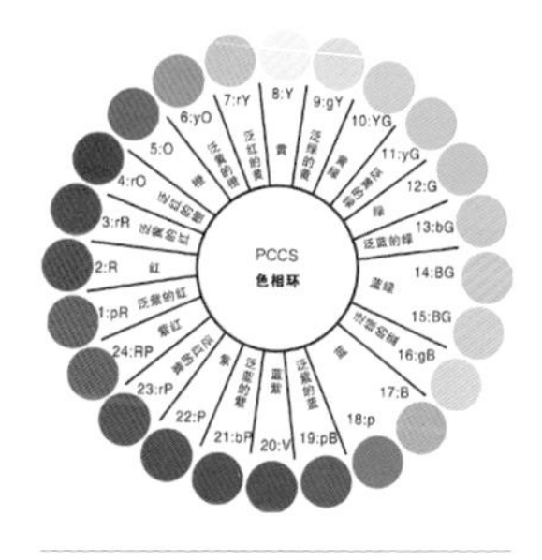

24色相环示意图

4.2 三原色

原色，指的是用来调配其他色彩的基本色。其他色彩则无法通过相互混合调配出原色。三原色分为色光三原色和颜料三原色两种。

色光三原色

自然环境中，人的眼睛是依据所见光的波长来识别颜色的。可见光中的大部分颜色都可以由红（Red）、绿（Green）、蓝（Blue）三原色按不同的比例混合而成。

当这三种色光以相同的比例混合、且达到一定的强度时，就会呈现出白光。

颜料三原色

与色光三原色相对，在印刷、油漆、绘画中所呈现的色彩，一般都是色光中被介质表面的颜料吸收后所剩余的部分。由此所得到的颜料三原色分别为青（Cyan）、品红（Magenta）、黄（Yellow）。当这三种色彩的颜料以相同比例混合时，就会呈现出接近于黑色的浊褐色颜料。

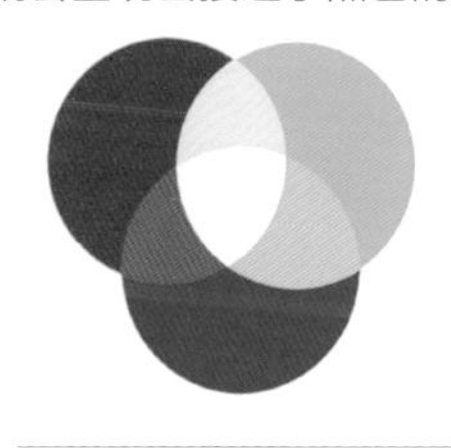

色光三原色示意图

颜料三原色示意图

4.3 暖色调画面

暖色调，就是指在一幅画面中，总体色彩倾向于暖色系，而这种色彩倾向会给我们视觉感官上带来温暖的感觉，比如画面中带有黄色、红色、橘红色等颜色构成的色调，它们会让人联想到太阳、火焰等，给人以温暖、和谐、热烈的感觉。

其实想要找到暖色调的场景并非什么难事，只要细心观察你就会发现在我们生活中有很多暖色调的画面。比如太阳落山时的黄昏、秋天挂满枝头的泛黄树叶，或是家庭装修中选择温馨的暖色调墙纸，这些都是常见的暖色调画面。另外在手机拍摄功能中，大多数手机都自带有暖色调的拍摄模式，通过暖色模式可以使画面在不是暖色调的环境中也呈现出暖色调的特点。

黄色的花卉，呈现出的暖色调画面

一提到沙漠，人们就会想到炎热，同样，沙漠的黄色会让画面呈现出暖色调

4.4 冷色调画面

冷色调是相对于暖色调而言的，也是我们视觉感官上对颜色产生的一种冷暖感觉。与暖色调一样，一幅冷色调的画面，总体色彩会倾向于冷色系，这种色彩倾向会给我们视觉感官上带来寒冷的感觉，比如画面中带有以绿色、蓝色、紫色等颜色构成的色调。

在我们平时生活中，冷色调的画面场景也是很容易拍摄到的，比如一望无际的海洋、晴空万里的蓝天、或者是宁静的月夜等。利用冷色调构成的照片会给人凉爽、平静、安逸之感。

清晨天微微亮，湖面和天空的颜色给画面带来冷色调的感觉，画面表现得很宁静

灰蓝色的天空和灰色的建筑让画面整体呈现出冷色调效果

4.5 协调色画面

什么是协调色画面？构成画面的每个元素都是比较统一的色彩就是协调色画面，比如一幅画中有红色、橙色、紫色的色彩搭配。当人们看到由这种协调色元素组成的画面时，会感觉到一种平稳、均衡、和谐的感受，而不会感到有明显的色彩颜色不同。

想要得到由协调色构成的照片时，我们可以参考24色相环，在24色相环上相邻的颜色都属于协调色。在协调色的关系应用上，风光题材的照片算是比较多的，常见的风光照片中，像蓝色的天空搭配绿色的草原、黄昏的落日搭配一望无际的沙漠等都属于协调色的搭配。

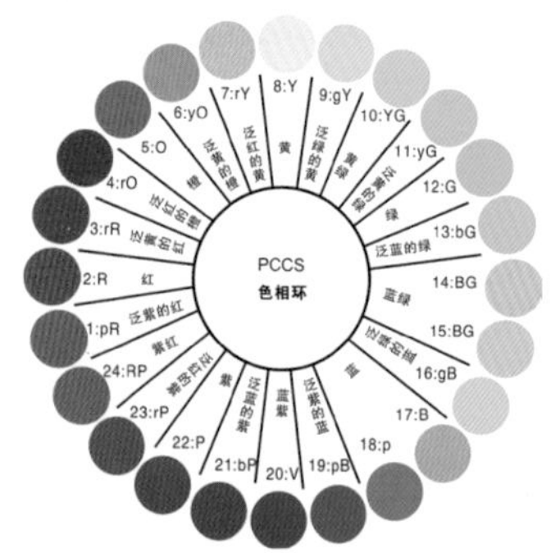

24色相环示意图

岸边浅蓝色的海水和深蓝色的天空形成协调色的画面，给人一种平稳和谐的画面感受

4.6 高调影像

拍摄高调影像的照片时，其画面主要是由大面积亮度为白到浅灰的色彩构成，画面的整体会感觉偏亮，而反差较弱。高调影像的照片往往会给人以淡雅、明朗、轻快、洁白、素净等感觉，适合表现女性、儿童、花卉、雪景、清晨等。

在使用手机拍摄高调影像的照片时，要注意高调是由被摄体及背景色彩偏亮而形成的一种特殊影调，在拍摄时应该选择浅色主体和背景，并使用柔光拍摄，让画面光照均匀，要尽可能地避免画面中出现阴影，因为阴影会打破高调画面洁白的感觉。

在光位的选择上，应使用顺光或前测光拍摄，可使主体面向手机镜头的一面光照充足，进一步缩小亮暗差异后可使画面整体效果更加柔和，明亮。

画面中大面积的白色浪花，让整幅作品呈现出高调效果，画面简洁明快

4.7 低调影像

低调影像的作品，是指整个画面以黑色影调或深色影调为主，亮色的影调会占很小的面积，整体给人黑暗深沉、神秘质感的体验。

在使用手机拍摄低调影调时，要留有少量的亮色调在画面中，并将画面最吸引人的点安排在亮部区域，我们可以根据主体特征，有意识地选择大面积黑色影调和小面积的白色影调，以强烈的影调对比，展现出作品的内容和气氛。

天完全黑下来之后，在路灯的局部光照射下拍摄公园里的林木，大面积的黑色让整幅作品呈现出冷色调，画面显得神秘、幽静

第 5 章

5

利用不同光线拍摄

摄影是光与影的艺术，光线，在摄影中就相当于画家手中的画笔，我们在拍摄过程中，如果用好光线这支画笔，就能画出美妙的图画。首先，我们需要了解不同光线的特点以及给画面带来的最终效果。

在使用手机拍摄照片时，我们需要根据现场环境中的光照情况，合理利用光线，使手机拍摄的照片更加专业，更加精彩。

5.1 柔光

所谓柔光，就是指在拍摄环境中比较柔和的光线。在柔光环境中，主体不会产生明显的阴影，或者只产生很浅的阴影，这是因为柔光的方向性不强，给人的感觉像是从周围所有方向照射过来的一样，而不是沿直线传播后照射在物体上的感觉。

柔光在自然环境中十分常见，比如阴天时候的光线、黄昏时候的光线，或者是卧室里散射的光线都是柔光，在专业摄影中也有柔光灯、柔光箱这种人工制造出的柔光。在柔光环境下拍摄，可以将主体色彩、图案等特征柔和细腻地呈现在画面中。

在阴天柔光环境中拍摄花卉，画面并没有产生明显的阴影，整体效果清新柔美

阴天环境下拍摄小巷，光线很柔和，并不会使建筑物产生明显的影子

5.2 硬光

在前面内容中，我们介绍柔光是没有方向性的光线，而硬光则与柔光恰恰相反，硬光的方向性很强，并且能够使画面产生较深的阴影。我们在物理中都学过，光线是沿直线传播的，当强烈的光线直接照射在主体上时，就会产生较深的阴影，因此在硬光条件下拍摄的照片，可以根据主体产生的阴影来分析出光线是从哪个方向照射过来的。

在日常生活中，我们常能见到的硬光环境也有很多，比如晴天时太阳照射的光线就是硬光，探照灯发出的光线也是硬光，在摄影棚中的聚光灯也属于硬光。在硬光环境下拍摄，可以使画面层次分明，主体的形态和轮廓可以得到很好的表现，主体产生的阴影也会让画面产生明暗分明的效果，增强画面的视觉冲击。

晴天环境下拍摄，光线很硬，建筑物产生了明显的阴影效果

晴朗天气下，直射的阳光照射在绿植上，产生明显的影子，结合影子的构图，画面更加丰富有趣

5.3 顺光

所谓顺光，就是指光线的照射方向和手机拍摄的方向一致，这样可以将主体面向镜头的一面照亮，并可以充分展现出主体受光面的颜色、形态等细节特征。

在日常生活中，顺光是我们最常用到的拍摄方法，因为顺光会让主体面向镜头的一面受光均匀，只要曝光准确就可以拍摄出效果不错的照片。但顺光拍摄也有其弱点，由于画面的受光会比较均匀，主体不会有明显的明暗变化，这样很容易造成画面缺乏空间感与立体感，使画面显得有些平淡。

在选择顺光拍摄时，我们应该避免这种平淡。可以选择色彩鲜艳的物体作为主体，利用顺光将主体的色彩充分展现在画面中，来提高画面的吸引力，也可以选择色彩对比大的画面，利用色彩间的对比关系来吸引观赏者，或者是选择一些画面中的线元素来丰富画面的视觉效果，利用构图技巧提升画面的感染力。

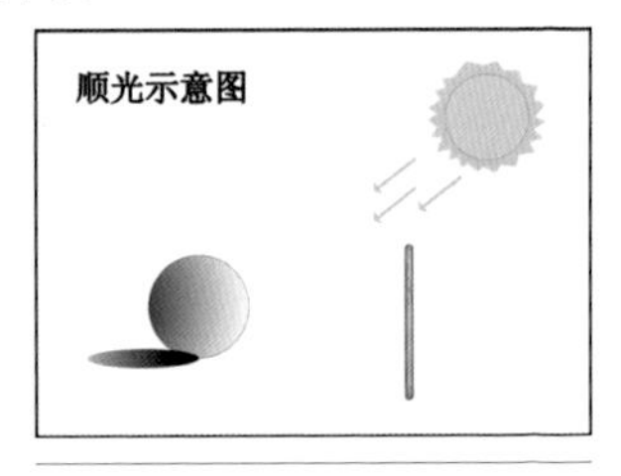

手机拍摄时的顺光示意图

在顺光环境下拍摄花卉，花蕊的色彩和细节得到很好的展现

5.4 侧光

所谓侧光，就是指光线照射的方向与我们手机拍摄的方向成90° 左右的垂直角度，这种角度的光线可以来自主体的左侧或者右侧。

利用侧光拍摄的画面，可以产生明显的明暗对比效果，主体的受光面会展现得非常清晰，背光面则会以影子的形态出现在画面中，这样画面也会表现得很有质感。为此，我们也常使用侧光表现层次分明、具有较强立体感的画面。

需要注意的是，在使用侧光拍摄时，应该注意控制主体的受光面与阴影面在画面中的比例关系，要避免两者间的比例过大，而导致主体在画面中的不协调。另外，还要注意控制好画面中的光比反差，这种反差不能过大，一般光比控制在1:2或者是1:3比较适宜，具体需要根据拍摄时的实际情况和拍摄意图而定。

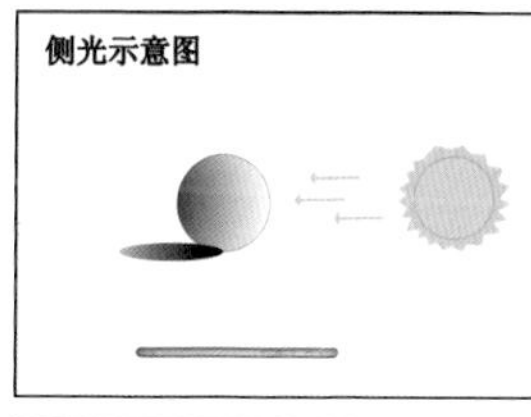

手机拍摄时的侧光示意图

草地上的蘑菇，在侧光环境下显得很有立体感，配合低角度的平视拍摄，使画面更有吸引力

5.5 逆光

所谓逆光，就是指从主体的身后正对镜头照射过来的光线。在逆光环境下，由于主体对着镜头的那一面几乎背光，这样很容易造成光源区域和主体背光区域形成比较大的明暗反差，主体容易出现曝光不足的情况，所以，如果想要表现主体表面的颜色等细节特征，就应避免逆光拍摄。

想要在逆光环境下拍摄出主体清晰的照片，可以利用手机的测光功能先对主体面向镜头的区域进行测光，以保证主体得到准确曝光，但这样会使背景的亮部区域曝光过度。也可以利用手机测光功能对背景的亮部区域测光，以此来压暗主体亮度，让主体形成剪影效果，虽然剪影效果不能使主体的色彩、质地等细节得到体现，但却很具有画面感，同时也恰恰能将主体的轮廓细节在画面中充分体现。

另外，在拍摄剪影时，最常用到的逆光光线就是日落时分的太阳光，此时拍摄的剪影效果，画面的色彩和气氛会更迷人。

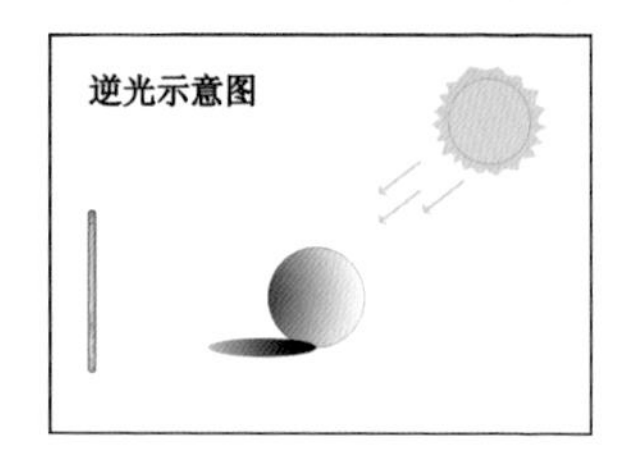

手机拍摄时的逆光示意图

在黄昏时分，通过逆光拍摄海上的小木屋，得到非常唯美浪漫的画面

5.6 侧逆光

侧逆光其实和逆光类似，都是从主体的身后向镜头照射过来的光线，但与逆光不同的是，其拍摄角度大概与我们手机镜头形成120°～150°的角度。由于侧逆光的拍摄角度是从主体的后侧面照射过来，这样可以使主体的轮廓得到很好的表现，同时又不会像逆光剪影表现得那么强烈。

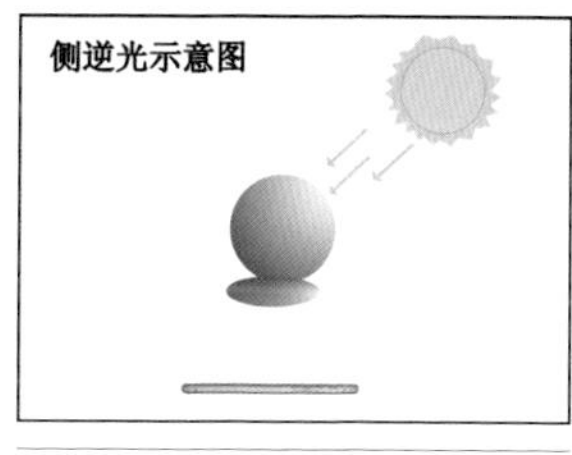

手机拍摄时的侧逆光示意图

利用侧逆光拍摄的照片，通常会具备逆光与侧逆光两种光的特征。主体景物被光线照亮的区域和暗部区域会产生一种明暗变化，在这种变化中，主体的受光面会占一小部分，而主体的暗部区域会占绝大部分，这样亮部区域能较好地展现主体的质地、色彩等特征，而暗部区域可以更好地将主体的轮廓在画面中加以体现，使画面更具层次感和立体感，同时画面还具有艺术表现力。

利用侧逆光拍摄建筑，建筑物呈现出明显的明暗对比，增添了建筑物的空间立体感

5.7 合理控制光比

光比是指在拍摄的画面中，主体的受光面与背光面的亮暗比值。亮暗比值不同，会使画面产生不同的视觉效果。光比大的画面亮暗反差也大，会给人硬朗明快的感觉，光比小的画面会给人柔和平淡的感觉。所以在拍摄时，能够合理地控制光比是达到拍摄效果的关键。

在拍摄大光比画面时，我们应该借助主体的光照角度来制造阴影，让主体受光充足，而背景在阴影中，从而增强画面的明暗对比。另外，利用硬光比柔光更容易产生清晰的阴影。大光比比较适合表现硬朗的事物，比如山川、男性、老人等。

在拍摄小光比的时候，应注意减少画面中的阴影，可以利用柔光增加画面的受光面积，让画面中亮暗变化减小，给人柔和的感觉。小光比比较适合表现柔美的事物，比如花卉女性儿童等。

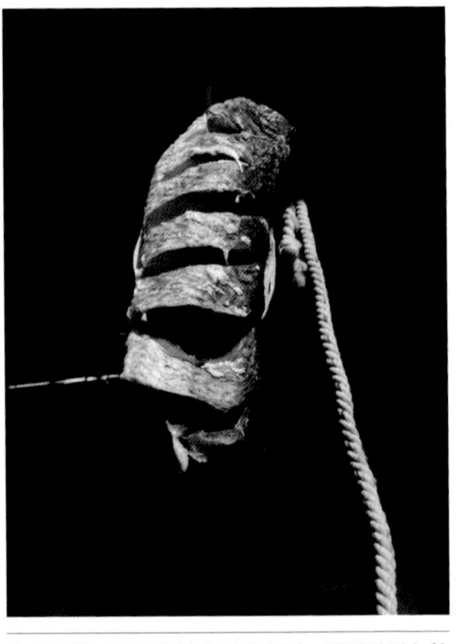

由于屋檐下面不能被太阳光照到，所以是黑色的阴影区域，而挂在屋檐下面的鱼肉则被阳光照得很明亮，这种明暗反差很大的光比效果很有画面感

蜡烛的烛光得到正确曝光的同时，背景由于曝光不足而呈现出黑色，大光比的效果让主体更突出

在顺光位置拍摄，可以得到花卉主体和背景受光都充足的照片，得到小光比的画面

第 6 章

6

手机拍旅行风光

作为外出游玩时的拍摄工具，手机小巧便携的特点很占优势，毕竟大多数人都不愿意在旅行途中被一堆沉重的相机和镜头所累。

不过，轻便的手机，在拍摄照片时，有很多地方是无法与专业的数码单反相机相比的，在拍摄过程中，我们需要尽量扬长避短，将手机的优势发挥出来。

6.1 寻找合适拍摄的主体

使用手机拍摄风光题材类的照片，虽然美好的风景通常会很直观地摆在我们眼前，但想要拍摄出能够吸引人的作品，还需要我们拥有一双善于发现美的眼睛，同时在拍摄时还要使用到一些拍摄技巧。

生活在这个多姿多彩的世界里，我们要庆幸大自然给予的很多拍摄的元素，有些画面不需要去寻找，就会很明显地呈现在我们眼前，比如大海、山峦、草原、河流等，我们需要做的，是将它们很好地呈现在画面中，比如景物的色彩、形态或者是拍摄视角等等。这些比较明显的拍摄场景，是很容易被观察到的，只要采用好构图，便可以得到很好的画面效果。

在有些场景中，主体不会像那些大江大河一样很明显地摆在我们眼前，它们可能是一些平淡无奇的景物，但通过我们仔细观察，也许一个小小的细节就是非常不错的拍摄元素，也可以作为拍摄内容。

墙上精美的雕花，拍摄下来也是不错的旅行纪念照片

海边造型独特的凉棚，将其安排在画面的黄金分割点位置，画面唯美浪漫

大街上造型夸张有趣的雕塑不妨也记录下来，不过在拍摄类似题材时，以不攀爬、破坏雕塑为前提

轮船窗台上放着两个喝完了的椰子，原本很不起眼的小景，拍摄下来却很有意境

6.2 将天空拍摄得更有画面感

在繁华的城市中生活，忙碌的工作可能使我们没有时间去旅游，也没有更多机会接触大自然壮丽的景色，但其实，当我们仰望天空便会发现，天空就是大自然最壮丽的风景。尤其是对于生活在城市中的人们来说，由于环境污染等原因，蓝天白云并不是每天都可以看到，其实晴朗的天空也是非常不错的拍摄题材。

在使用手机拍摄天空时，为了增加画面的吸引力，我们应该在拍摄时添加一些其他景物在画面中，避免只拍摄天空和云彩，那样的照片其实没什么吸引力，可以利用仰视拍摄将身边的建筑、路灯、甚至是飞翔的鸟儿构建在画面中，以此让画面内容更充实，也更吸引人。

拍摄天空时，可以将我们生活中常见的路灯构建在画面中，得到的画面效果很文艺

拍摄天空时，将建筑物的局部细节构建在画面中，以此可以增加画面的空间感

当鸟群恰好飞过天空中的耶稣光位置时，用手机抓拍下来，得到的画面非常生动

拍摄天空时，将飞机和信号灯构建在画面中，让画面表现得更加生动，内容更吸引人

6.3 利用场景中的线元素进行构图

拍摄风光题材的照片时，我们也常会使用画面中的线元素进行构图拍摄，一般会有水平线、斜线、汇聚线、曲线等，这些线元素可以起到承上启下、贯穿画面以及引导人们视线等多种作用。

在风光画面中，线元素可以是多种多样的形式，它们并不只是束缚于某一种线的形状，可以是河流形成的曲线元素、可以是树木形成的一些垂直线元素，也可以是山路形成的汇聚线元素，或者是沙滩上海水边缘形成的斜线元素。自然界中有太多我们可以利用的线元素，不过这需要我们用一双敏锐的眼睛去发现它们，如果将它们合理地运用在画面中，就可以为普通的画面增色不少。

利用商场里面楼梯的线条进行对角线构图，使画面节奏感增强

利用海边栏杆形成的线条构图，并将拍摄者的影子作为前景留在画面中，画面更加生动有趣

6.4 将主体安排在画面的黄金分割点位置

在众多的构图方法中，黄金分割法可以说是构图的基本原理与法则，在使用手机拍摄风光题材的照片时，黄金分割法也是最常用的构图手法之一。

拍摄时，可以将想要表现的主体安排在画面的黄金分割点位置进行构图拍摄，即使主体占据画面中很小的一部分，也可以逃脱出画面中其他景物的视觉束缚。即使主体是在波澜壮阔的大海上，或是一望无际的草原中，或是蜿蜒起伏的山峦，也都可以得到突出体现，同时也不会失去画面的和谐与自然。

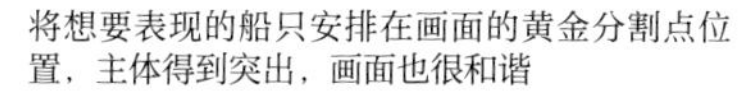

将想要表现的船只安排在画面的黄金分割点位置，主体得到突出，画面也很和谐

石狮子的头部安排在画面的黄金分割点位置，画面显得更生动和谐

6.5 在不同自然条件下拍摄

大自然的美景是千变万化的，就算是相同地点也会因为春夏秋冬的季节更迭而出现不同景色，甚至是每天的日出日落也会有不同的景色变化，如果是将这些场景呈现在照片中，这些变化会更加明显。

有很多自然美景不需要我们去远行寻找，随季节变化就会悄然出现在我们身边。比如下雪之后的白色世界、雨后别样的景色、迷人的落日黄昏，以及雾中景物朦胧的美感等，这些自然景象都是风光摄影爱好者喜欢的题材。

6.5.1 迷人的落日黄昏

使用手机拍摄落日黄昏的画面时，首先要选对时间，黄昏是我们每天都经历的自然现象，太阳下山时候就是黄昏，但并不是每天的黄昏都适合拍摄。

想要把握最好的拍摄时机，需要从季节和时间上选起，一般拍摄黄昏照片的最佳季节是春天和秋天，因为这两个季节的落日时间不早不晚，而且天空中的云层较多，比较容易出现朝晖晚霞。在准备拍摄落日黄昏时，我们最好提前到达拍摄场地，因为太阳落山的速度非常快，给予我们拍摄的最佳时间也不过二十几分钟，可以说每一分钟都很宝贵。

在海边拍摄迷人的落日黄昏，黄昏的暖色调和海面的冷色调形成强烈的对比，这也将黄昏的颜色衬托得更加迷人

6.5.2 抓住时机拍摄耶稣光

大自然赋予了这个世界太多美丽的画面，这些画面也成为风光摄影中颇具吸引力的题材，其中就包括令人陶醉的丁达尔效应，也就是我们所说的耶稣光。

耶稣光并不是很难见到的自然现象，但也是需要在一种特定的自然环境下出现的光线效应。这主要是指天空中有合适的雾气或者是灰尘，当太阳光线穿过大气时，光线会投射在这些雾气或者灰尘上，从而形成柱状形状的光线效果。

耶稣光一般在山林间或者海上常见到，因为那里空气中的水气比较多，形成的环境比较理想。在我们日常生活中，只要环境符合，也是可以拍摄到耶稣光的。在使用手机拍摄时，需要注意测光点要对着耶稣光的部分进行测光，以保证画面得到准确曝光，使耶稣光在画面中得到突出呈现。

云彩遮挡住太阳后出现了丁达尔效应，在构图拍摄时，当渔船经过光线照射的区域时进行拍摄，使得到的画面效果更加丰富

6.5.3 雨时别样的景色

由于我们使用的手机拍照功能还不能与数码单反相机相提并论，这导致很多人认为在雨天不适合外出拍照，觉得雨天用手机没什么可以拍的题材，其实仔细观察一下，下雨时也是有别样独特的景色。

在下雨时候拍摄，首先要做的是保证手中的拍摄装备不被淋湿，然后再去寻找可以拍摄的题材。我们使用手机拍摄，由于手机小巧灵活，所以在防雨方面可以轻松做到。对于使用手机拍摄雨天的景色，虽然无法像数码相机那样任意改变快门速度拍摄雨滴的状态，但也有很多可以拍摄的内容。比如拍摄大雨过后地上水洼形成的倒影，或者是雨水落在花瓣上的画面，或者是在屋里拍摄窗外的倾盆大雨，或是拍摄雨水落在窗户上的画面，只要我们细心观察，就会有很多值得拍摄的场景，并且这些风景只在雨天才可以拍摄到。

搭配手机微距镜头拍摄叶子上即将滴落下来的雨滴，画面显得清新舒适

6.5.4 下雪之后白色的世界

冬天给人们最深刻的印象，除了寒冷，就是下雪之后的雪色世界，雪是冬天特有的自然景观，人们也都会期盼着冬天下雪，更有“瑞雪兆丰年”的说法。冬天没有枝繁叶茂的绿植和盛开的鲜花，可是下雪之后，世界就变成了浪漫的白色。

下雪后兴奋的不光有孩子们，还有那些热爱生活喜欢拍照的摄影爱好者们。他们会在世界还没有褪去白色时就拿着摄影装备到雪地里进行拍摄创作。

我们使用手机拍摄雪景，需要注意的事项和数码相机一样，就是曝光补偿的问题，很多朋友会发现自己拍摄的雪并不像眼前看到的那样雪白，而是总体发暗的雪，这其实与拍照手机的测光有关，我们需要遵循“白加黑减”原则，在拍摄雪景时增加手机的曝光补偿，便可以拍摄出洁白的雪了，而如今大多数智能手机也都具备改变曝光补偿的功能。

适当增加曝光，可以拍摄到非常美丽的白雪世界

6.5.5 雾中朦胧的美感

雾也是一种常见的自然现象，通常会出现在天还未亮的清晨。拍摄雾景时，可以选择在太阳升起后的一到两小时内拍摄。这时雾还未散，但有些景物也可以显露出来。

雾天拍摄的画面，通常会给人一种如诗如画的朦胧感。在雾天拍摄与晴天相同的场景，画面中的大量细节会被雾所掩盖，主体在画面中若隐若现，会呈现出与晴天相比截然不同的画面。

拍摄雾景时，为了不使画面发暗，我们最好增加一些曝光补偿，以保证画面的亮度。如果是能见度比较低的大雾，可以拍摄一些以近景为主的照片，如果是一些淡淡的薄雾，我们就可以拍摄一些大场景的风光类的照片。

另外，如果是因为环境污染严重而出现的雾霾现象，建议我们不要外出拍摄，如果外出拍摄，一定要戴上口罩，以保证我们的身体健康，在拍摄方法上与拍摄雾景类似。

选择在雾天拍摄吊桥，可以过滤掉很多周围杂乱的景物，红色的吊桥，在朦胧的雾气里若隐若现

雾霾与雾天拍摄类似，都会掩盖一些画面中的细节，虽然画面的远景位置有很多杂乱物体，但由于雾霾原因变得很朦胧，我们将一颗大树安排在画面左侧三分之一的位置，使画面展现得更协调

第 7 章

手机拍人像

手机的拍照功能应用最广泛的就是拍摄人像，无论是日常生活中，还是外出游玩的时候，手机都是拍摄人物纪念照最简单实用的工具。虽然手机拍摄操作起来很简单，但想要拍摄出精彩的人物照片，并不是信手拈来的，这里也有很多需要我们了解的摄影知识，下面我们就带领大家详细了解一下。

7.1 选择合适的背景

在使用手机拍摄人像照片时，背景环境对照片效果的影响非常重要，这主要有背景的选择、画面中的颜色搭配、背景的光线等条件的影响。想要拍摄出令人称赞的人像纪念照，选择合适的背景非常重要，下面我们就为大家简单介绍一下拍摄背景的选择。

7.1.1 选择干净简洁的背景

如果一幅人像照片中的背景过于杂乱，那么即使画面中的人物对焦是清晰的，人物主体也很难在画面中得到突出，而选择简洁单一的画面，可以使人像得到突出体现，人像的一些细节特征也可以清晰地表现出来。

如果我们细心观察就会发现，简洁背景的专业人像照片我们经常会见到，比如证件照，或者是网上一些明星的艺术写真，你会发现这些照片大多数都选择一些纯色的画面作为背景，但这种简单的背景所呈现出的画面效果却让人印象深刻。我们在使用手机拍摄时，不一定非找那些艺术写真一样的纯色画面作为背景，可以选择一些相对简洁的画面，比如颜色比较单一的场景，或者是背景中的景物并不复杂的场景。

选择单一颜色的墙壁作为背景，可以使人物得到突出体现，给人简洁干净的画面感

在外出游玩时拍摄人物纪念照，选择背景干净且没有游客的画面作为背景，可以更好地突出人物主体

7.1.2 选择有规律的元素作为背景

在人物背景的搭配上，可以选择一些有规律的元素作为背景。在拍摄时，我们不用担心这样的背景会使画面显得杂乱，相反，这些有规律的元素可以使画面呈现得更加整洁。而此时，主体人物作为与背景规律不同的元素出现在画面中，也可以很容易地被突显出来。另外，这些有规律的背景元素也可以使画面显得更加有趣。

墙上的指示箭头标志和墙线形成了汇聚效果，将它们作为背景，可以很好地突出人物，同时也让画面空间纵深感增强

走廊的柱子形成有规律的元素，将其作为拍摄人物的背景，可以使画面很有节奏感和空间感

7.1.3 注意人物服装颜色与背景颜色的搭配

在拍摄时，还可以根据不同的背景颜色搭配人物身上不同的服饰颜色，以此来增加画面的吸引力，使人物主体得到突出呈现。

在实际拍摄时，我们可以根据协调色和对比色进行画面的搭配，想要使画面产生明快、强烈的视觉效果，可以穿一些与背景颜色成对比色的衣服，比如背景是灰色的古城墙，那么衣服可以选择红色或者是黄色等比较鲜艳的颜色，这样人物主体会与背景产生鲜明对比，使人物在画面中更加突出。另外，也可以选择与背景颜色相对协调的颜色，比如在海面上穿着蓝色的衣服，那样可以使画面更加协调，给人的感觉更加亲近自然。

下雪之后，天气还比较阴暗，此时让人物穿上鲜艳的衣服，形成的色彩对比可以使人物更加突出

拍摄在海上游泳的人物，让人物穿上蓝色的衣服，与背景环境形成协调色的关系，画面表现得很和谐，给人亲近自然的感觉

7.2 拍人像常用的构图方法

使用手机拍摄人像照片时，如何构图和如何选择拍摄角度也是尤为重要的，拍摄同一人物时，不同的拍摄角度和构图方式也会产生不同的效果，下面我们就为大家介绍这些拍摄角度和构图方式。

7.2.1 平视角度拍摄

在拍摄人物纪念照时，如果想要得到一种平和亲近的画面效果，可以采用平视角度对人物进行拍摄。

其实，在日常生活中，我们观察事物更多是使用平视角度，而平视角度也是最接近我们视觉习惯的拍摄角度。在拍摄人物时，平视角度可以将人物在画面中表现得自然亲近，人物的身形样貌在画面中也呈现得更为真实。

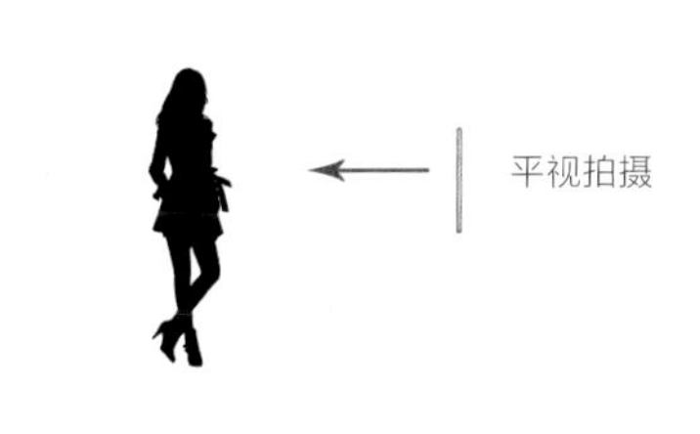

平视角度拍摄人物示意图

利用平视角度拍摄人物，可以使人物在画面中呈现得更加自然

7.2.2 低角度仰视拍摄

很多人都想在照片中拍摄出高高的个子，尤其是爱美的女孩子，都希望能在照片中展现出长长的美腿效果。其实，这样的效果除了人物自身的条件外，更重要的是取决于我们的拍摄角度，也就是利用低角度仰视拍摄。如果拍摄角度掌握得很好，即使身材并不算高的人，或者腿并不是很长的人都可以在画面中呈现出高个长腿的效果。

仰视拍摄人物主体，会因为近大远小的关系，造成视觉上的冲击，而仰视角度越大，这种视角效果就越强，所以拍摄人物会显得高高的个子，很长的美腿。但需要注意的是，仰视拍摄适合拍摄人物全身照，或是距离较远的半身照，而不适合拍摄离人物很近的半身照，那样会拍摄出大鼻孔和脸部变形的照片。

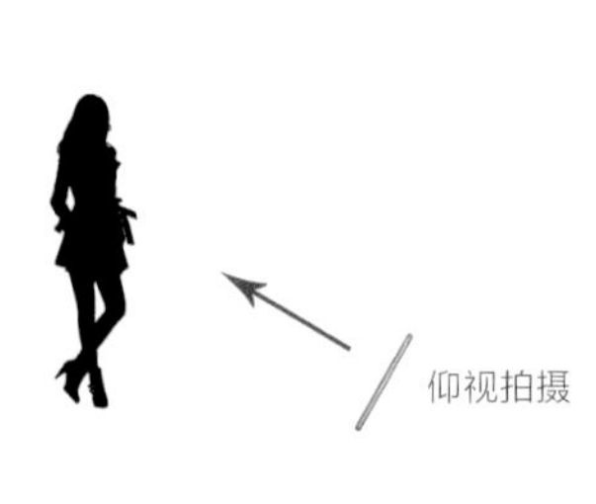

仰视角度拍摄人物示意图

利用低角度仰视拍摄人物纪念照，可以使人物在画面中呈现出高个长腿的效果

7.2.3 俯视拍摄卡通效果

其实，利用俯视角度拍摄人像照片是比较少用的，更多的是在拍摄儿童时使用，因为这种拍摄角度呈现出的画面会让主体显得矮小，并且还需要拍摄者找一个比主体人物位置还要高的位置拍摄。

但也并不是不能使用俯视角度拍摄人像照片，俯视角度可以使主体产生近大远小的效果，也就是头大身体小的效果，我们可以利用这种效果将主体人物呈现得像卡通人物一样，头大脚小，从而表现出主体人物的可爱一面。

俯视角度拍摄人物示意图

拍摄者站在比较高的位置俯视拍摄人物主体，人物主体呈现出头大脚小的效果，像卡通人物一样很有趣

7.2.4 利用井字形构图拍摄

在使用手机拍摄大场景的人像照片时，人物在画面中的位置显得尤为重要。位置没有安排好的话，画面会显得非常突兀。解决这个问题最简单的方法就是采用井字形构图安排主体人物的位置。

使用井字形构图时，最简单的方法就是打开手机的构图线，构图线的四个交叉点位置就是画面的黄金分割点位置，将人物主体放在这些位置附近，可以让人物在画面中表现得更突出，也使画面整体显得自然和谐。无论是拍摄旅游途中的人物纪念照，还是在生活中拍摄一些日常画面，或是想拍摄一些像写真一样的照片，都可以使用井字形构图方法拍摄。

打开手机中的构图线进行辅助构图

将人物安排在井字形的交叉点位置，即使人物与宽广的湖面相比显得很小，但也可以得到突出呈现

7.2.5 尝试开放式构图拍摄

在拍摄人像照片时，偶尔采用开放式构图也是不错的选择。将人物的身体与服饰等部分构建在画面外，让画面内的主体与画面外产生紧密的空间联系，从而间接增加画面的信息量，使欣赏者看到画面后产生更多的空间想象。

开放式构图作为现代摄影的重要表现形式之一，拍摄出的人像照片更具抽象的艺术美感。在使用常规的构图方法拍摄人像照片之余，不妨也试试这种独特的构图方法，或许会得到令人惊叹的画面效果。

海滩上行走的美女，采用开放式构图拍摄人物的局部背影，并将沙滩上的一串脚印作为前景，形成了一幅很有意境的画面

拍摄雪中举伞的人物时，利用开放式构图将雨伞与人物身体局部裁切在画面之外，形成画面外与画面内部的信息联系，画面给人更多的想象空间

7.3 手机拍合影

拍摄旅游或聚会时的合影，通常都是非常欢乐的气氛，此时摄影师不光要负责按下快门拍摄，还要负责带动现场气氛，让人们摆出的动作更加自然，甚至动作幅度更加大胆，合影的时候不要千篇一律地摆出V字手势，或是面无表情地望着镜头，那样会给人很严肃的感觉。

如果拍摄人数比较多，摄影师则需要根据拍摄情况，安排人员的站位，要避免前排的人挡住后边的人，至少要将人物脸部露出来，观察站位没有问题后再按快门拍摄。

另外，如果摄影师也想融入到合影的队伍中，可以利用手机三脚架固定住手机，再使用蓝牙遥控来控制手机快门，就和朋友们一起合影了。

固定手机的三脚架

控制手机快门的蓝牙遥控

拍摄合影时，大家集思广益，摆出各种有趣的姿势拍摄

拍摄腾空跳起的合影时，提前统一好动作，由摄影师发出起跳的口令，并利用手机的连拍功能将精彩的瞬间记录下来

7.4 自拍——拍出最美的自己

如今，有越来越多的人喜欢使用手机进行自拍，而手机商家为了满足顾客的自拍需求，也将手机前置镜头的拍摄画质提升了很多，我们在自拍时，怎样才能将最美的自己呈现在照片中呢，下面我们就简单介绍一下。

7.4.1 结合手部动作和不同拍摄角度

在自拍时，我们可以结合一些手部的动作一起构图，比如最常用的剪刀手势、OK手势、我爱你的手势等。对于人物的动作选择，尤其是喜欢自拍的美女，可以按照我们常说的“哪疼捂哪”来做动作，比如用手捂下颚、捂住一只眼睛、捂住嘴巴进行拍摄等，捂住哪里我们就说是哪里疼的动作，当然这只是一种有趣的形容，但用来自拍是还是非常不错的方法。

另外，也可以改变拍摄角度，尝试在自拍中利用平视、俯视、仰视的角度进行拍摄。需要注意的是，在仰视拍摄时，最好将手机拿得远一些，否则会将我们的脸和鼻孔拍得很大，画面很难看。

利用仰视角度进行自拍，并且用手摸着头部，给人活泼、开朗的感觉

利用俯视角度拍摄，并用手托住脸颊，显得很可爱

利用平视角度进行脸部特写拍摄，并摆出嘟嘴的表情，样子很俏皮

7.4.2 最佳的俯视45° 自拍角度

前面我们介绍了俯视、仰视和平视的自拍效果，其实对于自拍角度来说，俯视45° 自拍是公认的最佳自拍角度。

将手机举到斜上45° ，向我们俯视进行拍摄，可以将脸型呈现得更好一些，比正常角度拍摄要显得小而精致，而眼睛在画面中看起来也会更大一些，还可以使我们的五官在画面中呈现得更有立体感。

利用斜上45° 的角度进行自拍，可以使人物脸型呈现得非常精致，同时也使五官呈现得更加立体

7.4.3 利用美颜软件

随着手机美颜软件的越来越强大，大家在玩手机自拍的时候，不妨下载一些美颜软件，可以直接使用美颜软件来自拍，也可以使用美颜软件对拍摄的人像照片进行后期处理。

对于处理人像照片，这些美颜软件大都有非常多的功能，比如对人物皮肤的美白、磨皮、去污、添加滤镜或者是调整对比度、饱和度等功能，而操作起来也是非常简单。手机后期美颜软件的种类也是比较多的，比如美图秀秀、百度魔图、相机360等，功能都非常强大，完全可以满足我们自拍时的修图需求。

手机中几款常用的照片处理软件，操作上非常简单，并且都有多种效果选择

第8章

手机拍儿童

孩子是一个家庭的开心果，作为父母，能够参与一个孩子的成长过程是最幸福的，而使用拍照手机将孩子从小到大的成长过程记录下来，是非常有意义的一件事情。

之前我们介绍了如何拍摄人像照片，那更多的是指成年人，想要拍好孩子，不光要掌握好人像拍摄的技术，如何搞定孩子才是最关键的。下面我们就带领大家了解一下拍摄快乐孩童的方法。

8.1 选择合适的拍摄场地

在拍摄孩童照片时，更多的是要表现孩子们的欢乐、童真和可爱，在日常生活中，可以搭配不同的背景环境来表现孩子们的这些性格特点。

8.1.1 保证拍摄环境中的光线充足

拍摄孩子的照片，更多时候是展现他们天真可爱的一面，所以在光线的选择上，我们应尽可能选择在光线好的地方拍摄，以保证画面的亮度。

更多时候，我们会选择在白天拍摄，在室外拍摄时的光线会比较充足，但需要注意一点，逆光拍摄容易使孩子面部形成黑色的剪影，顺光拍摄要谨防树木和建筑的影子落在孩子的脸上。如果在室内或者是晚上拍摄时，应该尽量借助顺光光源使孩子正面受光充足，或是使用手机的照明功能进行补光拍摄。

白天在室外光线充足的地方拍摄孩子，即使孩子一直在动，也可以拍摄到孩子清晰的画面

在室内光线比较弱的环境下拍摄时，可以借助台灯的照明，让孩子脸部得到清晰呈现

8.1.2 简单干净的背景突出主体

在使用手机拍摄孩子时，如果选择的背景环境比较杂乱，很容易造成孩子在画面中不突出，因此我们要在拍摄时尽量保证画面的简洁干净。

如果是拍摄还不会走的小宝宝，可以找一些干净的毛毯垫在床上或是沙发上，当作背景，从而得到干净整洁的画面。如果拍摄年龄大一些的孩子，选择会比较多一些，可以将游玩时的标志性建筑或美好的景色作为背景，并在构图时将其他杂乱的物体构建在镜头之外，也可以选择纯色的墙壁或一些颜色比较统一的画面作为背景，以达到突出孩子、简化背景的目的。

在草地上拍摄孩子时，选择俯视的角度，可以将草地上的游人以及周围杂乱的景物排除在画面之外，以干净的草地为背景，画面简洁，主体突出

选择简洁的墙面和地面作为背景拍摄，画面显得很干净，孩子表现得很突出

8.1.3 选择有孩童气息的背景

在平时生活中，我们习惯站在漂亮的景物下拍照，因为这些景物环境适合不同年龄层次的人，男女老少通用。但如果是想拍摄孩童气息的照片，这些景点就有些困难了。为此，我们可以尽量选择儿童气息浓重的道具或场所作为背景。比如在儿童乐园中经典的旋转木马，带有动画片的背景墙，商场里的小型游乐园，或者是卖玩具的专柜处等，当孩子们站在这些景物中时，会很更容易融入到环境中，我们的拍摄也会得心应手。

将多彩的玩具当作背景，可以将童趣表现出来，在游乐园里孩子会很开心，面部表情很可爱

8.1.4 选择合适的服装

为孩子拍照时，衣服的选择也是尤为重要的，最好让孩子穿比较新的衣服，因为旧衣服可能会产生褪色情况或褶皱比较多，这些因素或多或少会对画面效果产生影响。

另外，孩子的衣服颜色有活泼亮丽的，也有简洁纯色的，在选择衣服时需要考虑到它与背景的搭配。一般情况下，优先选择颜色简单、质感好、层次简洁的衣服，这样无论是在简单还是复杂的背景下，都能达到很好的效果；而如果选择比较花哨的衣服，选择背景时要避免过于复杂，否则画面会显得零散杂乱，不能使孩子突出在画面中。

穿着粉色裙子的小姑娘非常靓丽，与暗淡的背景形成了鲜明的色彩对比，小姑娘得到很好的表现

8.2 拍摄角度与构图

拍摄孩子时所运用到的构图技巧其实与拍摄成年人大同小异，但孩子与成年人相比又独有一种可爱童趣的味道，下面我们会带领大家了解一下，在拍摄孩子照片时如何构图。

8.2.1 平视拍摄孩子

在之前内容中我们已经介绍过，平视角度是最符合我们视觉习惯的角度，得到的画面也最容易让人产生亲近感，同样，这种拍摄角度也非常适合拍摄孩子们。

在拍摄孩子们时，由于他们还在成长，稍大一些的孩子身高也不过一米，婴儿宝宝更是矮小，所以想要拍摄出他们眼中的世界，我们就要俯下身来与他们站在同一个角度。拍摄大一些的孩子，需要我们蹲下来；而对于趴在床上的宝宝而言，则需要与床平行才可以。

拍摄坐着的宝宝，我们可以蹲下身子进行平视拍摄，以拉近与宝宝的距离

8.2.2 俯视拍摄孩子

拍摄孩子照片时，除了可以平视拍摄，还可以进行俯视拍摄。俯视拍摄较轻松，因为以我们成年人站立的高度来看孩子就是一种俯视角度，这种角度会产生一种近大远小的效果，人物的身体比例发生了变化，变得像卡通人物一样头大脚小，使孩子们显得很可爱。

利用俯视角度拍摄孩子，由于近大远小的透视效果，使孩子呈现出上宽下窄的画面，配合孩子可爱的表情，画面表现得很有趣味性

8.2.3 注意画面中的留白

在进行构图拍摄时，我们还需要给主体以外留出适当的空间，也就是画面的留白。

如果一张照片中没有留白，把整个画面塞得满满的，会给人一种拥挤的感觉。

在拍摄时，我们可以选择一些不吸引人眼球的画面作为留白，比如室外纯色的天空，干净的土地，或者是利用景别关系虚化掉杂乱的背景，并将其作为画面留白，虚化掉的背景也不会喧宾夺主。总之，留有一定的留白，既可以起到突出主体的作用，也能够强调孩子所处的环境。

在孩子视线方向留有一些空间，画面更加自然协调

拍摄孩子坐在海边冲浪的场景，在取景构图上，拍摄者并没有将孩子布满整个画面，而是将其安排在画面的一角，大面积的白色浪花起到了烘托画面氛围的作用

8.2.4 拍摄宝宝局部特写画面

在拍摄年龄较小的宝宝照片时，除了拍摄常规的全身照之外，我们不妨用特写的方式拍摄一些宝宝的局部照片。在特写画面的选择上，我们可以对宝宝粉嫩的脸颊、稚嫩的小手或小脚丫进行特写，要知道宝宝的小手、小脚丫和小屁股是相当可爱的。我们可以直接使用手机拍摄这些身体细节，也可以让爸爸妈妈、爷爷奶奶握住宝宝的小手去进行拍摄。当两个不同大小的手出现在镜头里面时，会产生强烈的对比，给观赏者带来更多的感动与震撼。

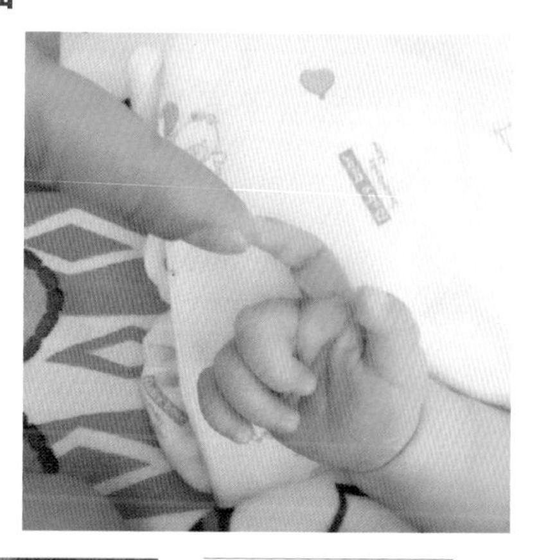

宝妈妈的手指尖与宝宝的手指尖轻轻触碰，很温馨的画面

利用特写的方式拍摄宝宝吃水果的画面，宝宝的样子非常可爱，动作表情可以得到突出表现

8.3 拍摄孩子的几个技巧

8.3.1 在孩子不看镜头时进行抓拍

现如今，小孩子所接触的新鲜事物比我们以往要丰富得多。举个例子来说，几岁的小孩子就已经会使用手机了，这点对于想要用手机拍摄的父母来说有可能是件头疼的事情。当我们拿起手机对准孩子时，他们就知道在拍他们了，有些孩子会摆出各种姿势配合拍摄，而有些孩子的表情就会变得不自然，甚至做一些搞怪的表情不配合拍摄。

因此，为了避免孩子不配合拍摄，我们可以选在他们不经意的时候去拍摄，这样得到的动作和表情才是最自然的。但需要注意的是，拍摄前要将手机的快门声音关掉，以免偷拍被发现。

孩子对着电动车上的镜子做鬼脸，趁他不注意时抓拍下来，非常可爱

趁孩子的注意力不在相机上时抓拍，画面更加生动自然

8.3.2 手机连拍记录孩子玩耍的瞬间

孩子们的天性就是天真活泼，不过有时这种活泼会让拍摄比较困难，如果光线不好，孩子又是在动的，很容易造成成像不清晰，而光线充足时，也会因为孩子的活泼好动，难以抓拍到理想效果的照片，此时，我们可以使用手机的连拍功能拍摄活泼好动的孩子，这样可以增加抓拍精彩画面的概率。

现在大多数的手机都带有高速连拍功能，这种功能可以很轻松地抓拍到孩子活动的每个瞬间。不过在拍摄时需要注意的是，要对画面进行构图，注意环境光线，尽可能选在光线充足的地方，因为一般的手机不能控制快门，如果光线不充足，手机会确保曝光正常而自动调慢快门速度，这样很可能导致画面虚化。

利用手机的高速连拍功能拍摄天真活泼的孩子，可以轻松地拍摄到理想效果。

8.3.3 注意与孩子的沟通方式

在拍摄时，我们应该注意与孩子的沟通方式，不要过分要求孩子摆姿势，因为可能孩子在一开始会比较配合，但对新鲜事物好奇的孩子来说，一味地摆姿势会打扰他们“探寻新世界”，结果就是反感而拒绝拍摄。所以我们应该将抓拍和摆拍相结合，这样得到的画面效果才会令人满意。

另外，在拍摄时我们也应该适当地赞美孩子，让孩子更喜欢拍照。这是因为有些小朋友喜欢拍照，而有些小朋友一面对镜头就开始躲闪，这跟他们的性格有一定关系，深究下来与我们的教育方式也是分不开的。在拍照时，可以夸奖女儿真漂亮真可爱，儿子真棒之类的话语，鼓励他们做更多的动作配合拍摄，其实适当赞美是一种鼓励，也是一种良好的教育。

让孩子自己想出拍摄的姿势，会增加孩子拍摄的兴趣

拍摄过程中，要用赞美的话鼓励孩子，这样才可以使孩子喜欢拍照，并做出更多配合的动作

8.3.4 不要用手机闪光灯直接对着孩子闪光

在使用手机拍摄孩子时，如果拍摄的画面过暗，不要直接使用闪光灯对着孩子拍摄，孩子现在还处在生长发育阶段，闪光灯对孩子的眼睛具有刺激作用，我们可以利用其他办法来增加画面亮度。

1. 可以从周围环境找到其他光源，借助其他光源拍摄。

2. 适当增加曝光补偿，让画面更明亮。

3. 如果孩子脸部光线很暗，可以对孩子脸部进行测光，让孩子面部表情得到准确曝光。

4. 如果手机支持设置感光度，可以提高手机感光度值，提升画面亮度。

环境中的光线不充足，如果对光亮区域或白色区域测光拍摄，画面会很暗

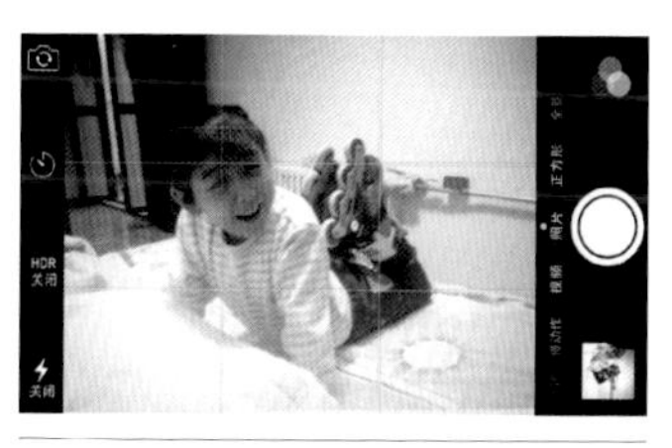

对孩子脸部进行测光拍摄，可以使孩子脸部得到准确曝光，画面亮度也被提升

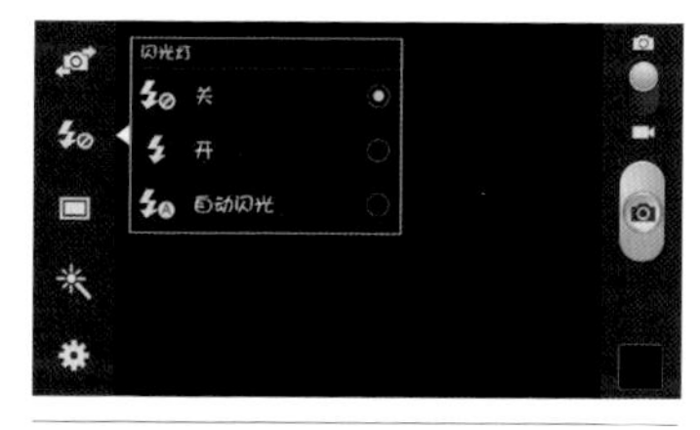

关闭手机闪光灯

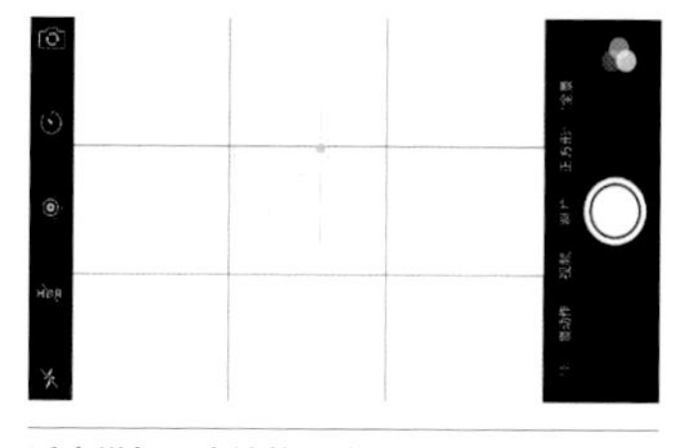

适当增加曝光补偿，让画面更明亮

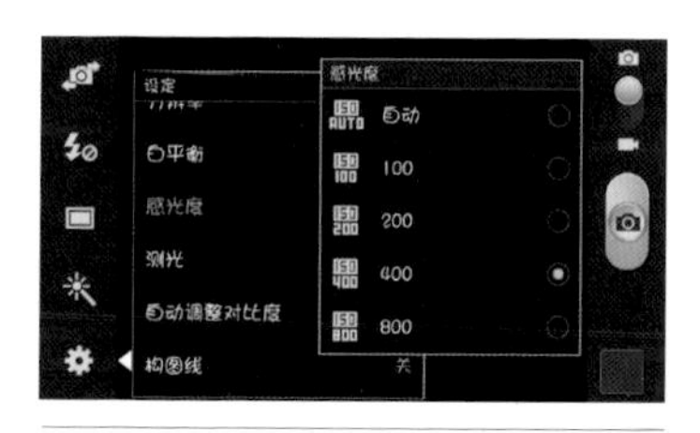

提高手机感光度

在餐厅里拍摄孩子，餐厅的光线很暗，借助蜡烛为孩子脸部补光，可以将孩子可爱的表情清晰呈现

8.4 拍摄温馨亲子照

在孩子成长过程中，父母是守护者也是参与者，在使用手机拍摄孩子成长的照片时，能够和孩子一起合影拍照，也很值得纪念，而大多数情况是，孩子在和爸爸妈妈一起拍照时会更有安全感。

在拍摄时，可以做出传统的摆拍动作，也可以抓拍孩子与爸爸妈妈互动时的画面，比如彼此亲昵的瞬间，一起吃饭的画面，和孩子玩闹的瞬间等，若干年后，孩子长大了，这些都是最珍贵的画面。

让宝宝和宝妈坐在一起，宝宝很有安全感，用小草作为前景可以让画面空间感增强

将宝宝和宝爸吃饭的画面拍摄下来，给人非常温馨的感觉

在公园记录宝宝与宝爸快乐玩要的瞬间，拍摄时注意避免杂乱物体和游人进入画面

让宝宝与宝爸分别坐在椅子的两端，并摆出各种动作，画面非常生动活跃

将宝宝亲吻宝妈的画面拍摄下来，场面非常温馨

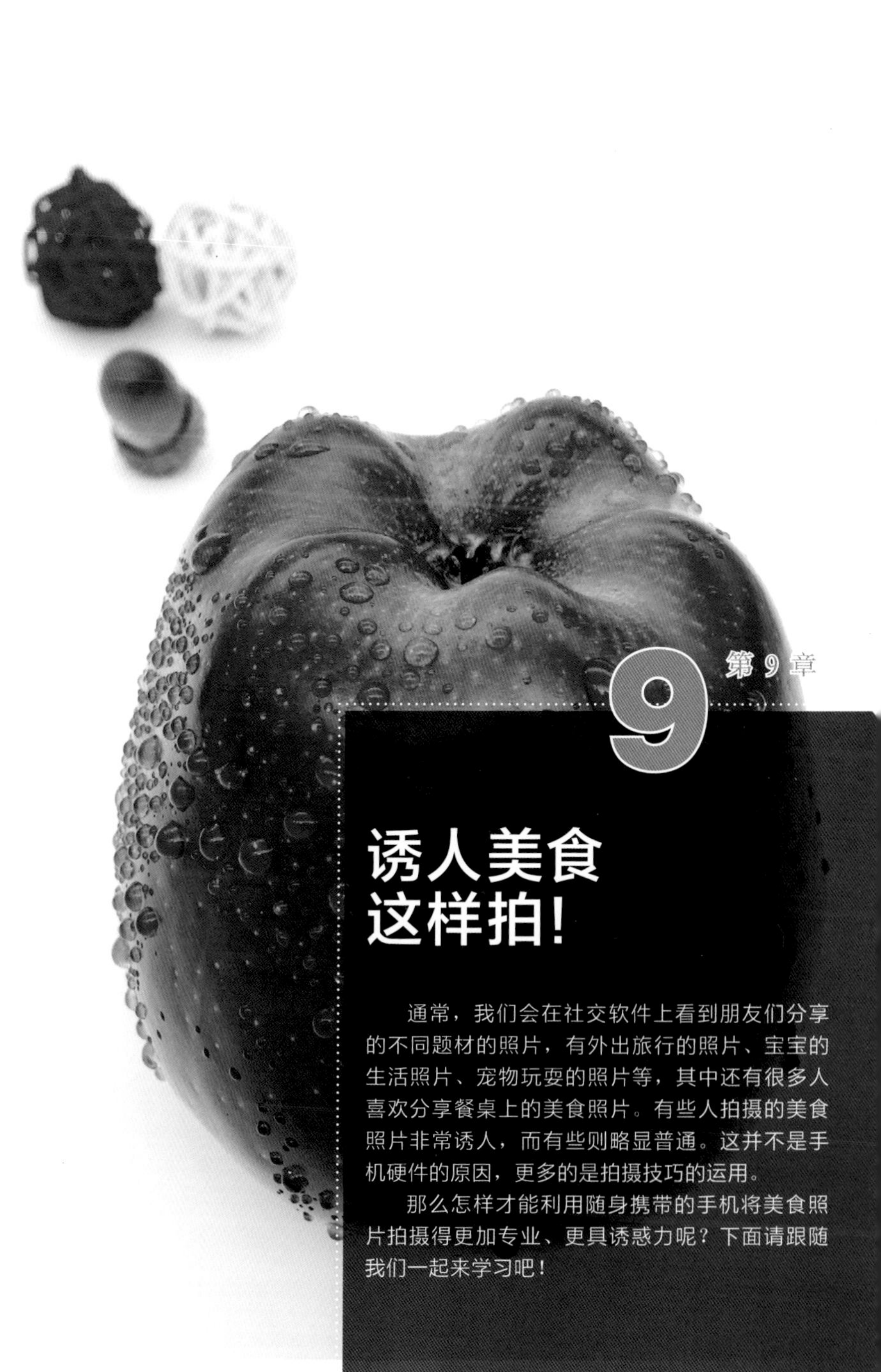

第 9 章

9

诱人美食这样拍!

通常，我们会在社交软件上看到朋友们分享的不同题材的照片，有外出旅行的照片、宝宝的生活照片、宠物玩耍的照片等，其中还有很多人喜欢分享餐桌上的美食照片。有些人拍摄的美食照片非常诱人，而有些则略显普通。这并不是手机硬件的原因，更多的是拍摄技巧的运用。

那么怎样才能利用随身携带的手机将美食照片拍摄得更加专业、更具诱惑力呢？下面请跟随我们一起来学习吧！

9.1 选择可以拍摄的素材

美食照片不光指餐桌上的美食成品，美食的原材料、餐具等元素也是很好的拍摄对象。

9.1.1 拍摄美食的原材料

当我们逛菜市场或是外出旅行时，会见到各种制作美食用的原材料，比如不同种类的海鲜、肉类和不同品种的蔬菜，这些原材料都可以作为美食素材进行拍摄。这些原材料的数量都比较多，呈现在照片中会显得很丰富。

在逛菜市场时，拍摄不同品种的蔬菜食材

外出旅行时，拍摄不同种类的海鲜食材

9.1.2 拍摄饮料杯

通常，在条件比较好一些的餐厅就餐，餐厅提供的饮料杯都是很精美的，与杯中的饮料搭配在一起，也是值得我们拍摄的题材。在社交网上分享美食的同时，也上传一些饮料杯照片，可以使分享的内容更加丰富。

在拍摄饮料时，将其放在背景干净、简洁的地方拍摄，可以使其表现得更突出

饮料杯和饮料呈现出迷人色彩，搭配一把装饰的小伞，造型非常精美

9.1.3 拍摄餐具

除了拍摄美食的原材料和饮料杯外，餐厅中一些精美的餐具也是非常不错的拍摄题材，在开饭之前餐具还没有使用过的时候将其拍摄下来，可以得到主体突出、画面干净整洁的照片。

拍摄餐厅中干净的餐具

拍摄餐厅中有精美彩绘的餐具

拍摄餐厅中造型精美的茶壶

9.1.4 拍摄美食成品

当然，拍摄美食题材的重点，还是可以吃的成品美食，比如蔬菜、肉类、海鲜以及水果为主的美食。

拍摄海鲜类的美食照片

拍摄水果拼盘的美食照片

9.2 用不同的构图和拍摄角度展现美食

诱人的美食上桌之后，很多人就开始不停按着快门拍摄了，但有些人不讲究画面构图以及拍摄角度，只是一再用相同的方式拍摄美食，其实这样得到的效果会很一般。

9.2.1 垂直角度拍摄

使用垂直角度拍摄，就是将手机放在美食的正上方从上到下的俯视拍摄。这种拍摄方式非常适合立体效果不显著而平面效果很美观的菜肴，并且这样拍摄可以避开餐厅中杂乱的场景，直接用简洁的桌面画面做背景，可以使美食主体更显突出。

另外，在拍摄时需注意不要将我们的影子拍进去，这样会影响到美食的呈现。

将火锅调料放在画面的中间位置，并利用垂直角度拍摄，美食也同样得到突出体现，在拍摄时，避免自己的影子进入画面

垂直角度拍摄美食，多个圆形的小笼屉让画面很有趣，同时干净的背景也可以很好地突出美食

9.2.2 放低角度拍摄

采用低角度的视角拍摄美食，可以轻松地将美味菜肴的色彩和细节表现出来。并且会在表现美食的时候更具针对性，受到我们吃饭的坐姿影响，人们已经习惯以45°左右的角度来观察食物，而不会将食物放在眼前仔细观察，所以以低角度的方式进行拍摄，可以带来不同的视觉感受。

另外在拍摄时，手机镜头要离食物近一些，这样既可以将食物的细节特征凸显出来，又可以使画面的空间立体感加强。而受景深的影响，镜头离近拍摄还可以起到虚化背景的作用，避免过多的杂物进入画面，同时还能突出表现美食。

利用低角度拍摄美食，可以将美食的细节特征清晰地呈现出来

9.2.3 斜线构图让画面更加灵活

在拍摄美食时，我们还可以利用斜线式的构图方式拍摄美食，这样得到的画面会显得灵活，而斜线元素也会发挥视觉引导的作用。

其实，斜线构图是根据美食和餐具的不同形态来决定的，例如在拍摄长方形的餐盘时，可以将其倾斜地放在画面中，从而避免了端正摆放带来的呆板，这种失衡感不仅具有灵活性，在视觉上更起到引导的作用。因此在拍摄这类美食和餐具时，我们要多加观察，调整好手机的最佳拍摄角度，从而得到让人满意的美食照片。

拍摄带有长方形餐具的美食时，利用斜线构图的方式将其呈现在画面中，可以避免画面的呆板，灵活地展现美食的形态和色彩

9.2.4 利用开放式构图拍摄美食

开放式构图适合拍摄风光、人像等很多题材，同样也非常适合拍摄美食题材。开放式构图可以打破画面的均衡，使人们对画面充满更多的想象空间，这对于美食来说，无疑会增加美食的诱惑力。

在使用手机进行拍摄时，可以运用前面介绍的垂直方法进行拍摄，将美食的局部拍入到画面里。也可以将手机镜头与食物成45° 进行拍摄，通过透视变形将视觉张力强烈地呈现出来，让餐盘里的每一块食物都充满强烈的表现力，颜色 、形状等细节特征充斥着大脑，让人垂涎三尺。

利用开放式构图拍摄美食，让手机镜头与美食成45°，画面更有吸引力

对美食进行开放式构图拍摄，可以让欣赏者产生丰富的空间联想，使画面更具吸引力

9.2.5 特写让美食更具诱惑

另外在拍摄美食时，还可以尝试拍摄美食的局部特写画面，让其细节表现得更加清晰。可以选择美食的受光面和形态都比较好的位置作为特写部分，从而间接裁掉美食表现不好的部分以及背景杂乱的元素，让美食主体表现得更突出，美食的细节特征也会立刻展现在人们眼前，增加食物的诱惑力。

在拍摄时需要注意，特写照片对拍摄时的稳定性和对焦精确度要求很高，所以最好选择光线比较充足的环境拍摄，或是把手臂放在桌子上做支持，来保证拍摄的稳定。

利用特写方式拍摄美食，可以规避掉杂乱的背景元素，让美食细节表现得更突出

利用特写的方式拍摄美食，菜肴所用的食材、色泽以及香味都融合到画面中，非常有诱惑力

9.3 注意光线的使用

拍摄餐厅中的美食时，美食的色彩、形态等细节对光线的要求非常高，想要将美食表现得很有质感，需要对拍摄时的光线环境进行选择和布置。

9.3.1 选择合适的光线环境拍摄

其实在拍摄美食时，散射的柔光是非常不错的拍摄光线，但如果环境中的光线不是散射光而是直射光，只要光线的照射强度不是很强烈，也是适合拍摄的。

在室外拍摄时，选择不会直接照射的阳光或者即将落日的阳光作为拍摄光线都可以，如果是中午阳光照射很强烈的时候，在户外打起遮阳伞拍摄美食也是可以的。

如果是在室内用餐，我们需要找一个光线比较充足的地方，因为室内光线会比室外暗一些，可以选择靠窗的位置，利用透窗的自然光来进行拍摄，如果没有靠窗的位置，也可以选择室内灯光斜侧的地方拍摄。

由于光线很不充足，导致手机在拍摄时自动提升的感光度，画面产生很多噪点，影响了画质

良好的光线环境可以保证画质的清晰以及美食色彩和形态的呈现，美食在画面中显得很有诱惑力

9.3.2 斜侧光拍摄美食

有很多餐厅的吊灯都安装在餐桌的正上方，这是为了给人们享用美食提供一个明亮的环境。但如果在这种顶光下拍摄美食就要注意了，光线会直接照射在美食上，使美食的颜色饱和度很淡，影响画面效果。而此时选择垂直拍摄，也会很容易把我们的影子映在美食上，影响美食的呈现。

那么遇到这种拍摄环境如何解决呢？其实方法非常简单，将美食挪动一下，从灯光的正下方位置移开，让斜侧光照射食物，这样拍摄可以将美食的受光面和背光面拍摄出来，明暗对比带来的强烈立体感，会将颜色表现得更加自然饱满。

将美食放在斜侧光的环境里，可以使美食的色彩更加饱满，明暗对比更强烈

斜侧光使美食的色彩表现得很饱和，也让美食在画面中表现得很有立体感

9.3.3 尽量不要使用闪光灯拍摄

当餐厅中的光线比较昏暗时，有些人会说使用闪光灯拍摄不就可以了，当然，闪光灯是可以将美食清晰地表现出来，但开启闪光灯拍摄，会影响到其他用餐的客人，最重要的是，闪光灯会压暗画面的背景，只让食物显得很亮，闪光灯照出来的光线属于比较生硬的光线，画面的效果也会极其不自然。所以在拍摄美食时，我们轻易不要使用闪光灯。

如果手机可以调节感光度，可以适度提高感光度拍摄，也可以寻找一些其他位置的光源或是透过窗户进来的光线拍摄。

使用闪光灯拍摄美食，背景被压暗，而美食主体很亮，画面表现得很生硬

关闭闪光灯，适当提升手机感光度，也可以得到清晰明亮的美食照片

9.3.4 正确使用测光功能拍摄美食

在看有些人拍摄的美食照片中，会发现有些餐具曝光过度或是曝光不足，有些是美食曝光过度或是曝光不足，其实这都是拍摄时手机的测光有关。

在使用手机的测光功能对画面进行测光时，需要考虑餐具和美食的颜色，比如白色的食物搭配白色的餐盘，那么直接将测光点放在食物上就可以了；如果是深色的肉类搭配白色的餐盘，那么直接对食物进行测光，会导致白色的餐盘过亮，餐盘细节也会丢失。所以这种情况下，我们可以利用手机中的曝光锁定，对白色餐盘进行测光，然后重新构图。另外，测光点应当放在亮度适中、偏灰或是食物与餐具的交界处的位置进行测光拍摄。

对黑色的食材进行测光拍摄，会导致白色的餐盘曝光过度

对画面中适中的位置进行测光，之后重新构图拍摄，得到食物与餐盘曝光都适当的画面

第10章

10

手机拍静物

生活中，时常会遇到一些令人印象深刻的小物品，它们也许是某段情感、某一次旅行、某一个人的记忆片段，随手拍摄下来，可以将美好的记忆永远留住。手机小巧便携，一般都随身携带，因此，在拍摄我们生活中偶然遇见的一些小物品时非常方便，不过，要想将它们拍出令人印象深刻的效果，需要使用一些小的技巧。

10.1 手机拍静物的构图

拍摄小物品时，想要得到主体突出且具有美感的画面，巧妙的构图是必不可少的。

10.1.1 保证画面的简洁

要让小物品得到突出表现，在构图时保证画面的简洁是很有必要的。相信很多人都看见过网络商城中的那些静物商品的照片，有很多都是在专业的静物箱中拍摄的，目的就是得到一个简洁的画面。当然，我们拍摄也不是要卖东西，所以并不需要静物箱的环境，但目的是一样的，需要保证画面的简洁。如果是在家里，可以选择在纯色的墙壁位置或者干净的窗台上拍摄就可以；如果是在室外拍摄，可以选择绿色的草地，黄色的沙滩或蓝色的天空作为背景环境。

拍摄小汽车时，由于背景比较杂乱，影响画面效果

总之，选择这些拍摄环境的目的就是要保持画面的简洁，这样，小物品的形态、色彩等特征便会完美地呈现在画面中。

把小汽车平放在白色的背景纸上，可以得到简洁干净的画面效果

10.1.2 拍摄时寻找一些有规律的元素

当遇到想要拍摄的小物品时，可以寻找它们拥有的一些规律元素，利用这些规律元素作为吸引人的点进行构图拍摄，比如一些重复的点元素、块元素或是线条元素等。只要抓住这些规律元素，既可以轻松地将小物品的细节特点表现出来，又可以把这些规律元素作为亮点增加画面的吸引力。

屋顶挂满了五颜六色的愿望贴纸，利用多点构图将它们表现出来，是不错的选择

需要注意的是，有些物品只是局部存在一些规律元素，这需要我们将镜头离物品近一些拍摄，但如果镜头与物体之间的距离超过镜头的最近对焦距离，画面就会很模糊，所以要选择合适的距离进行拍摄。

孩子们的玩具摆放得很整齐，将它们以全景角度拍摄下来，能得到很有趣的画面

10.1.3 开放式构图让人充满想象

现如今，有很多小物品的做工都很精致，有些物品还会散发出微妙的艺术气息，有些物品则会有很强的个性和特色。为了能够更好地将它们呈现在画面中，我们可以采用开放式构图的方法，将它们具有的这些细节特征完美地呈现出来。

之前我们已经介绍了使用开放式构图拍摄不同题材，拍摄小物品也是一样，只需将一部分主体留在画面中，其余部分则裁切在画面之外就可以了，这样当人们看到画面中的物体后，便会很自然地联想到画面外的物品，从而极大地增加画面的信息量。

时钟的造型很独特，利用开放式构图进行拍摄，画面很时尚

10.1.4 封闭式构图可以聚焦主体

在拍摄小物品时，想要让画面表现更加直观一些，我们可以采用封闭式构图拍摄，封闭式构图在构图方式上与前面讲到的开放式构图是截然相反的。

虽然封闭式构图并不像开放式构图那样可以让物品的某个局部区域占据很大画面，但封闭式构图可以将小物品的整个形态都表现出来。

另外，封闭式构图讲究避免主体与外界产生联系，这样可以让人们的视线都聚集在画面中的小物品上，使小物品的外形、颜色等特征得到集中表现。

拍摄盘子里的小物品时，可以利用封闭式构图进行拍摄，这样小物件的形状、颜色等细节可以直观地呈现出来，给人一种完整均衡的感觉

10.1.5 将小物品放在黄金分割点位置

想要得到主体突出并且画面和谐的静物照片，我们可以将小物品放在画面的黄金分割点位置进行拍摄。

其实画面的黄金分割点位置很好找到，就是井字形构图的四个交叉点位置上。

在实际拍摄时，我们可以找一个比较简洁的画面作为背景，将想要突出体现的小物品放在画面的黄金分割点位置，这样便可以轻松得到想要的画面效果。即使画面中存在一些其他的多余元素，这种构图也可以避免这些多余元素对画面的干扰，使小物品得到突出体现。

在拍摄沙滩上的小贝壳时，将其放在画面的黄金分割点位置，画面很协调

10.2 注意拍摄时的光线影响

10.2.1 靠近窗户拍摄

无论是摄影作品，还是电影画面，带窗的画面往往会给人一种文艺气息，有一首歌的歌词这样写到“窗台蝴蝶，像诗里纷飞的美丽章节”，可见窗台是一个很文艺的地方。所以，想要拍摄出带有文艺气息的小物品，只要将其放在窗台上拍摄就可以。

另外，在窗台位置拍摄还有一个很重要的原因，如果室内的光照条件不好，那么很可能得到的画面过暗或是导致物品的细节丢失。而靠窗的地方相比室内受光比较充足，这样会使画面更加明亮，主体也会表现得更加清晰。

将做工精美的饮料瓶放在窗台上，搭配纯色的墙壁和窗外的建筑，给人很文艺的画面感

10.2.2 利用柔和的室内灯拍摄

在室内拍摄小物品时，我们还可以利用室内柔和的灯光拍摄，这样也可以拍摄出富有美感的照片。

一般情况下，室内光或者蜡烛光等暖色系的光源都非常柔和，很适合表现小物件的细节特征，同时这些光源还可以营造出一种温馨、安静的氛围。

但需要注意光线不能太暗，因为手机会为了得到准确的曝光会提升感光度，导致感光度过高而出现噪点。

在室内柔和的光线环境下拍摄，可以使得到的画面很温馨

10.2.3 室内拍摄应注意手机测光

拍摄小物品时，其实有更多时候是在室内拍摄。如果是在室外，光照条件比较好，手机测光相对会容易一些，但是在室内拍摄，光线条件相对复杂，这就需要我们着重注意测光位置的选择。

由于光线条件相对复杂，不同的测光位置会带来不同的画面效果，如果测光位置正确，便会得到满意的照片；如果测光位置没有选择好，则会出现画面过曝或者欠曝的效果，使小物品的细节丢失。比如主体和背景明暗分布很不均匀，如果对过亮的位置测光，会导致物品较暗的位置细节丢失；如果对过暗的位置测光，则会使较亮的部分出现过曝现象。为此，我们可以将测光点对画面中亮度适中的位置或者是明暗过渡的位置进行测光。

拍摄造型精美的台灯，正确的测光可以得到明暗对比很强的画面，很有艺术感

拍摄造型精美的台灯时，由于测光位置的选择不是很合适，导致小台灯的亮部区域曝光过度，丢失了细节，画面也产生了一些噪点

10.3 利用画面中的对比关系

只要我们细心观察就会发现，有很多事物都存在着对比关系，我们要学会利用这些对比关系进行拍摄创作，使主体在画面中得到更好的呈现。在拍摄小物品时，我们可以利用大小对比、色彩对比、明暗对比、虚实对比等方式进行拍摄。

10.3.1 大小对比

在拍摄生活中的一些小物品时，物品主体很容易与其他事物产生大小对比关系，并且这种大小对比关系很容易被我们观察到，这些大小对比的元素可以是背景，也可以是旁边的一些小物品。

利用这些大小对比关系，可以达到互相衬托的作用。不过也要根据拍摄者的想法进行构图，如果想要突出大物件，可以将大物件放在视觉中心点上，这样可以避免陪衬影响到主体的表现。反之亦然。通过这种对比关系，就可以将主体的外形和特质按照拍摄者的想法表现出来了，从而也会增加画面的趣味性。

将外观差别很大的两个物品放在一起，可以形成鲜明的大小对比关系，彼此互相衬托后，其形态特征也都得到很好的表现

10.3.2 虚实对比

在使用手机拍摄小物品时，我们也可以利用虚实对比的方法进行拍摄创作，这种方法是将画面中的主体拍摄得清晰而其他区域模糊，虚实对比会使画面看起来更加干净整洁，同时主体也得到突出呈现。

有很多人会以为只有数码单反相机才会拍摄出虚实对比的画面，因为其光圈和焦距都可以进行灵活的调整，其实，我们使用手机也可以得到虚实对比的画面。如今手机摄像头的光圈都比较大，在拍摄小物品时能起到虚化背景的作用，虽然不能与专业的单反相机相比，虚化程度还有些差距，不过我们可以利用调整手机与物品的距离来控制景深范围：当手机离小物品越近时候，景深越小，背景越容易虚化；当手机距离小物品越远时候，景深范围越大，背景虚化越微弱。

拍摄玫瑰花和小雪人，将对焦点对在玫瑰花花朵上，花朵实，而小雪人虚，形成虚实对比的画面

10.3.3 色彩对比

除了大小对比和虚实对比，物体之间的色彩对比也是非常重要的对比关系，在这个五彩缤纷的世界里，不同的颜色可以构成太多的色彩对比，这些对比关系给我们的拍摄创作提供了很大的帮助。

在拍摄时，如果被摄物品的颜色与背景或与其他元素的颜色互为对比色，那么便可以进行对比构图，得到色彩对比鲜明的照片。这种照片往往会给人一种欢快、明朗的感受，同时也可以将主体突出，使画面更具吸引力。

有时，为了追求这种色彩对比关系，我们不仅要善于发现和观察，还要有意地创造出这种对比关系，将色彩对比强烈的小物品放在一起拍摄。

将色彩鲜艳的红绿蓝三个小物品放在一起，色彩对比效果很明显，带来一种活跃、明快的画面感

将色彩丰富的铅笔放在一起，并摆出不同造型进行拍摄，得到很有吸引力的一组画面

10.3.4 明暗对比

其实更多时候，我们是在室内拍摄小物品的，但有时室内的光线环境会比较复杂，画面中的物体受光也会不够均匀，这样就会使物体与背景环境产生很大的光比。此时，可以利用这种大光比效果拍摄出明暗对比很强烈的照片。

在这种明暗对比的照片中，画面中明亮部分会更加吸引人的眼球。但也有特殊情况，比如大面积的亮调画面中，小面积暗色景物则更为突出；在大面积的暗调画面中，小面积亮调景物更为突出。

拍摄这种明暗对比的画面时，其实主要是手机测光的运用，但有时选择的测光位置正确，得到的明暗对比效果也不是很明显，此时，可以通过降低手机的曝光补偿来增加画面的明暗对比效果。

利用明暗对比的方式拍摄造型精美的小灯具，得到非常迷人的画面效果

在昏暗的室内，桌子上出现了一处亮光，将小物品放在这个亮光位置上，可以得到一组很有画面感的明暗对比照片

第11章

11

手机拍建筑

纵观人类历史发展中出现的建筑，从古秦时代的阿房宫到晚清的圆明园再到如今的鸟巢水立方，都彰显建筑的造型艺术。可以说人类从古至今都在追求着建筑美学，而这种美学不仅仅是体现在这些著名建筑上，而且民间建筑也都拥有造型上的艺术美感，这些建筑在建造时不光注重其使用功能，还注重其造型上的艺术表现。

手机较广的视角拍摄建筑具有一定的优势，使用手机将身边具有美学价值的建筑拍摄下来也是一件很有意义的事。

11.1 手机拍建筑常用构图方法

手机拍摄建筑照片也需要讲究构图，如今我们身边有很多造型精美的建筑，如果在拍摄时不讲究构图的运用，而只是随便按几下快门，那么就很难体现出建筑的美感。想要表现出建筑所具有的美学艺术，就需要利用不同的构图方式来呈现。

11.1.1 对称式构图拍建筑

拍摄建筑题材时，如果想要展现建筑的平衡布局，中规中矩的建筑结构可以采用对称式构图进行拍摄。

在我们的视觉感知上，通常会对对称的事物产生平衡、舒适的感觉，大多数建筑设计也都遵循了这样的规律，例如古代皇家园林和宗庙建筑所遵循的“天圆地方”。因此，可以利用建筑自身的特点进行对称式构图拍摄，将建筑的稳定、均衡、庄重的感觉呈现在画面中。

另外，建筑不光有左右对称，在一些特殊环境里还有上下对称。有些建筑下方的地面很光滑，会倒映出建筑物清晰的影像，比如湖面或者是玻璃面，我们可以将建筑主体和倒影一同构建在画面中，形成鲜明的上下对称关系。借助地面倒映，可以有效避免左右对称带来的平淡效果，让画面更吸引人。

建筑下方的水面倒映出建筑主体的影子，可以利用倒影进行上下对称的拍摄，得到很吸引人的画面

古典建筑很讲究左右对称的关系，利用这种对称关系，可以让画面表现得更加和谐、稳定

11.1.2 开放式构图拍建筑

随着时代的变迁，建筑物在造型上的设计与古典建筑所讲究的天圆地方概念已经大不相同，越来越趋于时尚简约的艺术感。

拍摄古典建筑时，我们大多是采用比较严谨的构图方式，而随着人类审美观点的改变，如今的建筑在设计上越来越大胆，很多建筑都适合利用开放式构图来呈现。当然，反观古代建筑，我们也可以去尝试利用开放式构图去拍摄。

在拍摄时，将建筑的局部主体保留在画面中，其余部分则切割在画面之外，以此使人们看到画面内的主体后可以联想到画面外的部分，给人很大的想象空间。

需要注意的是，利用开放式构图拍摄建筑，要给画面留有一定的空间，也就是留白，这样可以避免画面显得拥挤，也能够让画面更显简洁干净。

开放式构图拍摄建筑，可以给人很大的想象空间，将天空作为画面留白，让画面显得干净简洁

在构图时，将建筑的局部裁切在画面外，使欣赏者可以产生想象空间，同时也可以使建筑细节得到突出体现

11.1.3 利用建筑中的线元素增加美感

为了追求建筑美感，古典建筑与现代建筑在造型上都会运用一些线条元素，以增加建筑的韵律感。在使用手机拍摄时，想要表现这种建筑的艺术美感，就要抓住其拥有的线条这一特点进行构图。

有些建筑自身就是用线条塑造的，我们可以利用这种线条元素作为画面的前景进行拍摄，背景以棱角分明的建筑做搭配，会产生刚柔并济的视觉效果，此外，将线条元素作为前景还可以增强画面的空间感。

如果线条元素不能作为画面前景，而只是嵌在建筑物的表面，可以通过变换不同的拍摄角度和拍摄位置，将这些线条规律作为主要表现的建筑部分，从而达到表现出建筑美感的目的。

拍摄带有直线元素的现代建筑，直线元素使画面更有规律性和节奏性

建筑主体拥有直线线条和曲线线条，将它们重叠去进行构图拍摄，可以让画面层次分明，用曲线作为前景，增加了画面的空间感和纵深感

11.2 利用不同光线拍建筑

自然光线对建筑的影响非常重要，建筑物在不同的光位条件下所表现的视觉效果是不同的，明暗层次和色彩变化都可以展现不同的建筑美感。所以在拍摄时，我们还应注意建筑所处的光位环境。

11.2.1 利用顺光拍建筑

顺着阳光照射的方向拍摄建筑就是顺光拍摄。为了表现建筑的全貌以及色彩，我们会采取这种拍摄方法。

顺光条件下拍摄，建筑受光会比较均匀，明暗变化也不明显，所以当建筑物具有艳丽的色彩或是具有特色的绘图时，我们可以选择顺光条件拍摄，顺光条件可以烘托建筑的色泽。但如果是想要表现建筑轮廓和结构，那么这种拍摄条件显然不太适合。

在顺光环境下，建筑物的受光面很均匀，其雕刻的内容可以得到清晰展现

11.2.2 利用侧光拍建筑

如果想拍摄出立体效果明显的建筑画面，侧光是非常好的选择。在拍摄时，摄影师和光线照射的角度所形成的角度大约为90°。利用受光不均匀所产生的明暗对比效果，可以将建筑的轮廓和结构等细节特征很好地呈现在画面中，得到层次分明，立体感很强的画面效果。

在表现建筑轮廓和结构等细节特征的同时，如果还想表现建筑的颜色，我们可以稍微调一下拍摄位置，利用斜侧光拍摄建筑，让建筑受光区域更多一些，这样也可以使得到的画面很有质感。

在侧光位置拍摄建筑，受光影影响，建筑的结构产生强烈的明暗变化，空间立体感表现得很强烈

11.2.3 利用逆光拍建筑

逆光拍摄建筑与顺光拍摄恰恰相反，我们对着阳光照射过来的方向拍摄，会造成建筑物面向我们的那一面全部背光，使逆光的建筑与光源区域形成强烈的反差，这就会使建筑物的形态轮廓特征在画面中得到充分的体现。而如果想要表现建筑的色彩和细节，那么最好不要选择逆光拍摄，因为逆光更多时候是为了得到建筑物的剪影效果。

在实际拍摄时，如果想要得到剪影效果明显的建筑照片，可以将手机的测光位置对准画面的光源位置进行测光，这样光源位置曝光准确，建筑则被压暗成剪影效果，从而使建筑的形态轮廓得到突出体现。如果想使剪影效果更加明显，可以降低手机曝光补偿拍摄。

对画面中的光源区域进行测光

对太阳进行测光拍摄，并适当降低曝光补偿，可以得到剪影效果非常明显的建筑照片

如果在逆光环境下不想拍摄出剪影效果，则需要用手机先对建筑背光面进行测光，在测光的同时要避免逆光光线的影响，测光完成后再按快门拍摄，这样，建筑的背光面得到准确曝光后，背景光源区域往往是曝光过度的效果，但这种背景曝光过度也能起到突出主体建筑的作用。

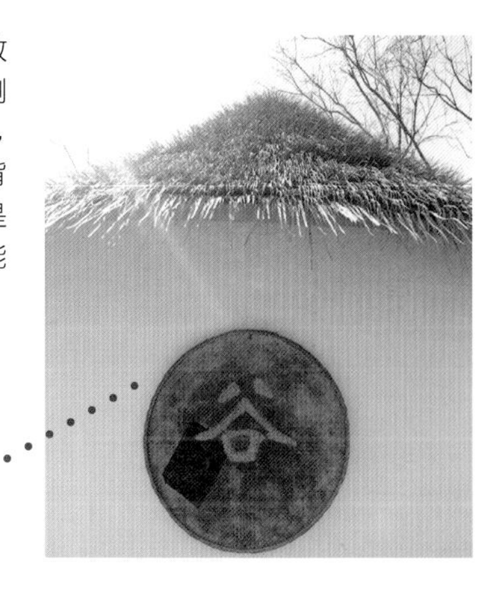

对画面中的背光区域进行测光

逆光拍摄建筑时，用手机对建筑的背光面进行测光拍摄，也能够得到建筑主体清晰的照片

11.3 从不同角度拍建筑

考虑到建筑的牢固性和稳定性，建造时都是将其水平矗立在地面上的，但在拍摄时如果只是中规中矩地进行正面拍摄，则不能体现建筑的更多美感，我们需要通过不同的拍摄角度表现建筑，呈现出不同的画面效果，让建筑的美学艺术展现得更为全面。

11.3.1 平视角度拍建筑

无论拍摄什么样的题材，平视角度都是最常使用的拍摄角度，拍摄建筑也不例外。

平视角度是我们平时观察事物的角度，得到的画面符合我们的视觉习惯，在拍摄时，有几点需要我们注意。

首先，由于建筑都比较高大，所以在拍摄时需要与它保持一定距离，这样才能保证让整个建筑都进入画面内。

其次，虽然平视拍摄会给我们带来稳定、平和的画面感受，但由于平视拍摄的效果比较平淡，所以在选择建筑主体时需要主体本身有一定的吸引力。

最后，由于需要与建筑保持一定的距离来达到平视拍摄的视角，难免会有其他元素进入画面，所以就要把想要表现的主体建筑安排在画面中最醒目的位置，并保证画面的干净简洁。

拍摄旅行时遇到的一些精美建筑，平视拍摄可以得到更加稳定的画面，同时利用古典建筑拥有的对称元素进行对称式构图，使建筑显得威严、庄重

11.3.2 俯视角度拍建筑

由于建筑物都比较高大，我们不会经常以低角度去观察它们，但也正是因为这样，我们采用俯视角度拍摄高大雄伟的建筑，会给欣赏者带来不同的画面感受。

俯视拍摄建筑需要我们自身站在一个很好的制高点位置，比如爬到山顶的时候、在高层餐厅用餐时或是参观某一高层娱乐场所时，可以考虑用这种方式拍摄。

俯视拍摄可以纵观画面的全局，使画面中融入更多丰富的元素，视野也会更加宽阔。在表现气势庞大的大场景时是不错的选择，同时也令人产生强烈的视觉冲击力。

站在制高点俯视拍摄建筑群，复古的屋顶搭配天空的乌云，让画面很有气氛

选择在制高点俯视拍摄建筑群，可以将更多高大的建筑浓缩在画面中，而建筑、远山以及天空的搭配，也让画面层次分明，空间感十足

11.3.3 仰视角度拍建筑

拍摄建筑题材时，仰视角度是我们经常使用的拍摄角度，由于我们与建筑物的体积相比显得非常渺小，因此在近距离拍摄时，会使我们不得不抬起头用手机进行仰视拍摄。

使用仰视角度拍摄建筑还有很多好处。

首先，在拍摄一些比较著名的建筑时，游客通常都是比较多的，利用仰视拍摄可以有效避免周围人群和其他元素进入画面，用蓝天当作背景，让画面展现得更加简洁干净。

其次，利用仰视角度拍摄建筑，会使建筑呈现出下宽上窄的透视效果，我们离建筑越近，这种效果越明显。这样，也会无形中增加建筑在画面中的垂直高度，从而使观赏者产生强烈的视觉冲击力，使建筑在画面中呈现得更加高大挺拔。

利用仰视角度拍摄高楼大厦，会得到高耸挺拔的画面效果

搭配手机广角镜头，并利用仰视角度拍摄建筑群，由于广角镜头产生的畸变，会让高楼产生向中间汇聚的效果，画面独特有趣

第12章

12

手机拍花卉

在日常生活中，花卉是很常见的拍摄题材，美丽的鲜花会给人赏心悦目的愉悦感。不过在使用手机拍摄花卉时，如果不掌握一定的拍摄技巧，就很难将花卉的美充分展现出来，我们通过不同的摄影技法来拍摄花卉，可以展现出平时难以观察到的美景。

在这里我们将教会大家一些简单可行的技法，可以让我们的拍摄变得更容易、更有趣。

12.1 选择适合的拍摄角度

拍摄花卉照片时，不同的拍摄角度也会影响花卉在照片中的体现。当我们看到一处好看的花卉美景时，不要急于马上拍摄，可以先观察一下花卉的特点以及周围环境，然后多尝试一些角度进行拍摄，从而可以得到满意的效果。

之前我们已经了解了俯视、仰视和平视这三种拍摄角度。下面我们来看看使用这三种角度拍摄花卉的效果。

俯视角度拍摄：俯视角度拍摄花卉比较轻松，因为花卉通常都相对较矮，我们拿着手机向下俯视拍摄就可以了，俯视拍摄可以很好地表现出花卉的外形结构。

俯视角度拍摄郁金香，除了在视觉上的新鲜感外，还能将郁金香的花蕊细节表现出来

利用俯视角度拍摄花卉，可以避开周围杂乱的环境，让画面更加简洁

平视角度拍摄： 利用平视角度拍摄花卉，可以使得到的照片更具亲切感。但平视角度比较容易将杂乱的物体拍进画面中，所以在选择背景上要谨慎。另外，为了避免平视角度带来的平淡效果，可以利用花卉与花叶的色彩对比关系来构图。

平视角度拍摄的花朵显得亲近自然，用绿色的花叶作为背景，使粉红色的花朵更显突出

仰视角度拍摄： 从低于花卉主体的位置进行仰视拍摄，需要我们蹲下来放低手机位置，有时甚至需要我们趴在地上拍摄，这样得到的画面效果会让人耳目一新，花卉主体会表现得高大提拔，画面空间的透视效果会更加强烈。另外，通过这种视角拍摄低矮的花朵，往往可以排除背景环境中的杂物，取而代之以简洁的天空为背景，让画面更显简洁干净。

采用仰视角度拍摄，改变了人们惯有的观察视角，画面新颖且具有强烈的视觉冲击力

12.2 花卉主体选择

花卉的种类繁多，它们的造型和色彩也是各有不同。在使用手机拍摄花卉时，我们可以选择拍摄单枝花朵，也可以拍摄成片的花朵。

单支花卉：通常，在拍摄一些造型精美并且形状较大的花卉时，我们会选择单枝拍摄，这样可以充分地表现出单枝花卉独特的外形和色彩。

在拍摄单枝花卉时，除了拍摄其整体花型，还可以借助特写的方法拍摄其局部细节，比如拍摄花卉的花蕊、花叶等特写细节。

拍摄单枝花卉，可以让花卉的花瓣、花蕊等细节特征得到突出体现

一片花海：除了可以选择单枝花卉主体拍摄，我们还可以拍摄较大面积的花海作品。

与拍摄单枝花卉不同的是，拍摄单枝花卉主要是表现自身的美丽，而成片的花海，主要是表现大场景中诸多花卉形成的花海世界，所以主要表现的是花海整体的色彩。因此，我们在场景选择时，需要多从色彩角度出发，拍摄成片花海。

在构图上，我们可以采用花海画面所具有的线条元素进行构图，也可以利用很多花卉形成的相似元素进行多点式构图拍摄。

拍摄多个花卉主体时，根据拍摄环境以及花卉的形态，使用多点构图拍摄，让画面更加生动有趣

拍摄大面积花海时，借助不同颜色花卉形成的分割线构图，画面显得杂而不乱

12.3 手机拍花卉时常用的构图

12.3.1 开放式构图拍摄花卉

当我们看到美丽的花朵时，都想要展现花朵的全貌，将花朵的整体都表现在画面中，其实，我们也可以拍摄花朵的局部，利用开放式构图来表现花朵。

在取景构图时，通过对花朵的局部进行拍摄，将花朵的其余部分裁切在画面外，这样，当人们看到画面内的花朵时，便可以联系到画面之外与花朵主体有关的部分，就像述说着一段故事，最后还留有续集一样，让人充满想象。

另外，我们可以利用花朵的线条元素来配合开放式构图，按照花瓣的生长方向、花蕊边缘的形态等线条进行裁切构图，让画面表现得更为协调。

开放式构图拍摄的花朵给人很大的想象空间，配合手机微距镜头，可以让花朵的背景被完全虚化掉，让画面更具文艺效果

12.3.2 运用色彩关系拍摄花卉

当人们看到美丽的花卉时，最吸引人的地方除了花卉本身的优美形态之外，还有那绚丽的色彩。

我们在拍摄过程中要多留意花卉以及场景中的色彩，巧妙利用色彩关系构图，从而使照片更加精彩。通常来说，在利用场景中色彩时，可以借助主体与陪体形成的对比色关系，也可以利用形成的协调色关系进行表现。

另外，我们还要善于观察花卉和背景环境的受光情况，因为有时会出现花朵受光充足，而背景却处在背光区域的情况，这时，我们对明亮的花朵进行测光拍摄，便可以得到明暗对比突出的花朵照片。

拍摄品红色的花朵时，将绿色的叶子和草地作为背景，花朵与背景产生的色彩对比让主体更显突出

12.3.3 井字形构图拍摄花卉

拍摄单枝花卉时，井字形构图是常用的构图技巧，将花卉安排在井字形的交叉点附近，可以避免画面中多余元素的干扰，使花卉主体得到突出体现，也让画面表现得更加和谐自然。

需要注意的是，如果是拍摄整枝花卉主体，将花卉主体安排在井字形交叉点附近即可。如果是拍摄花卉的局部特写，可以将想要突出的局部区域安排在井字形的交叉点附近，这样既可以使画面显得协调、美观，也能够达到突出花卉局部细节的目的。

将花卉上采蜜的昆虫放在井字形的交叉点位置，可以使其得到突出体现

拍摄特写画面时，可以将花蕊放在井字形交叉点位置上，使画面协调自然，花蕊也得到突出体现

将想要突出的花卉安排在井字形交叉点位置，可以使其在画面中表现得更为醒目，整个画面看起来自然和谐

12.4 利用不同光位拍摄花卉

拍摄花卉题材时，所处的光线环境也是非常重要的，不同的光线会对花卉主体产生不同的效果。

12.4.1 侧光拍摄花卉

拍摄花卉时，侧光环境是最佳的拍摄环境之一，侧光可以将花卉的花形、色彩等细节很好地表现在画面中，产生的阴影也让画面更显有立体感。

在室外拍摄时，当阳光从侧面照射花卉后，花卉主体会产生明显的阴影效果，而当阳光照射越强的时候，产生的阴影效果也就越明显，当阳光照射越弱时，这种阴影效果越显平淡。

在侧光环境下拍摄花卉，产生的阴影效果增加了画面的空间感和层次感，花卉受光面的颜色展现得很鲜艳，质感很强

12.4.2 顺光拍摄花卉

在顺光环境下，花卉的正面受光会很充足，从而使手机的测光过程变得简单起来。不过，由于顺光不会产生明显的亮暗反差，很容易造成画面的色彩平淡、层次不够丰富，所以在选择花卉主体和构图上我们就应该多留心一下。

顺光的光线覆盖面积很大，可以将花卉正面的色彩、形态等细节很好地表现出来，我们可以选择色彩艳丽、形态优美的花卉作为主体拍摄，从而避免顺光拍摄的不足。

在顺光环境下拍摄花卉，艳丽的色彩让花卉在画面中很有吸引力

12.4.3 逆光拍摄花卉

一提到逆光，我们就会想到剪影效果，其实在拍摄花卉时，逆光是很常用的光线环境，也是比较容易出彩的一种光线。但我们所说的并不是指逆光剪影效果，而是另一种可以让花朵产生半透明的独特效果，前提是要选择花瓣比较薄的花朵作为拍摄主体。

在实际拍摄时，我们要选择好拍摄角度，寻找出逆光照射的方向。通常都是利用仰视角度拍摄，然后利用手机测光功能对花瓣进行测光拍摄。

逆光拍摄时，对花卉的暗部进行测光拍摄，使花卉得到准确曝光，画面表现出清新亮丽的感觉

逆光环境使花卉主体的轮廓和线条完美勾勒出来，并让花瓣有一种半透明的独特效果

12.5 用微距镜头拍摄花卉

美丽的花卉给我们的生活环境添加了光彩，很多人一见到美丽的花卉就拿出手机拍照，但想要更近距离拍摄花卉细节时，却发现画面是虚的，无法进行对焦，其实这是手机镜头的最近对焦距离在作怪。想要展现花卉的局部细节，我们不妨购置一个微距镜头再去拍摄，不要小看这小小的外接镜头，它可以让拍摄出的花卉照片更具魅力。

其实在花卉照片中更吸引人的还是微距题材，微距镜头可以呈现出人们平时难以观察到的效果，这种将微小景物放大呈现的效果，也让画面看起来很有震撼感。

使用微距镜头拍摄花卉，可以将吊兰开出的很小的花儿清晰展现出来

在使用微距镜头拍摄花卉时应该注意以下几点；

首先，镜头与花卉的距离要掌控好，微距镜头需要离花卉很近，我们透过取景器就可以实时看到对焦情况，等花卉的微距画面对焦清晰后，再按快门拍摄。

其次，拍摄微距比拍摄正常画面所需要的稳定性要更高一些，所以在拍摄时候，我们的手臂最好找一个固定的支撑点拍摄，或是利用手机三脚架保持手机的稳定。

最后，微距画面对主体的要求也很重要，如果主体有轻微的摇晃，在微距镜头下表现得也十分明显，如果有风吹动花卉，我们可以等风停止后，或是在迎风面用自己身体挡住风吹，保证主体花卉的稳定。

微距镜头距离花卉主体较远，对焦模糊

手机三脚架

微距镜头靠近花卉主体，花卉晃动也会影响对焦，使花卉成像模糊

手机微距镜头

拍摄微距镜头下的花卉，保持手机以及花卉的稳定，调好拍摄距离再去拍摄，可以得到清晰的花卉照片

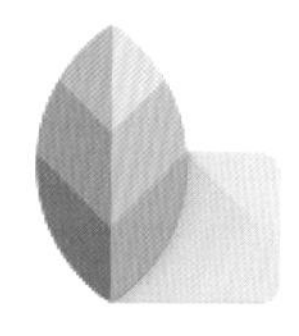

第13章

13

功能强大的手机摄影APP

我们用手机拍摄的照片，因为这样或者那样的原因，前期拍摄得到的照片往往不是最完美的，多少会有一些缺陷。这时，我们可以通过手机中的APP软件对图片进行后期处理，让照片变得更精彩。

如今手机APP软件越来越丰富，功能也越来越强大，并且操作起来也非常简单。有些软件对照片的细节处理非常先进，有些软件拥有独一无二的滤镜效果，还有一些是自拍美颜功能非常强大，下面我们就为大家介绍一些实用有趣的手机后期处理软件。

13.1 超强细节处理功能

所谓“闻道有先后，术业有专攻”，一些设计比较优秀的手机后期软件，在对照片进行不同的后期处理方面，都有各自擅长的地方，有些软件处理照片细节非常突出，有些软件处理照片色彩很细致，有些软件的滤镜效果很出彩，而有些软件则专注于多张照片不同风格的拼图。随着手机技术的不断发展，如今优秀的手机后期APP非常多，我们无法为大家一一介绍，这里选择两种善于对照片进行细节处理的软件：相机360和Snapseed。

13.1.1 相机360

相机360又称camera 360，是一款可以实时拍照和进行后期处理的软件。它带有一些比较特殊的功能，比如滤镜中的趣味效果、单独的人像处理、充满个性的情境模式选择、多张拼图等。

在对照片进行后期处理方面，相机360具备多种调整画面信息的功能，比如剪裁、添加边框、层次调节、清晰度、色温、色调、对比度、新鲜度、饱和度、高光、阴影、色彩等信息的调节。除此之外，相机360也具备丰富的滤镜效果，比如日系效果、LOMO效果、弗兰胶片效果、怀旧效果等。

在这些功能中，层次调节、清晰度、矫正、高光、阴影、色彩等是相机360比较有特色的调节功能。

在相机360主菜单界面，可以左右滑动选择相应的功能菜单

“发现”菜单中的界面图

13.1.2 Snapseed

在网上我们可以查询到很多手机后期软件，它们对图像处理的操作大同小异，而Snapseed的设计却非常独特，只要通过手指滑动屏幕就可以对照片进行各种信息的调整，这样可以让后期处理的过程变得更加轻松有趣，同时操作起来也更加灵活。

在对照片处理方面，Snapseed同样具有一些基本的调整功能，比如亮度、对比度、饱和度、高光、阴影、剪裁等信息的调节。除此之外，还拥有一些独具软件特色的功能，比如局部、画笔、修复、变形、晕影等。另外，Snapseed也同样拥有丰富的滤镜效果。

进入Snapseed界面，点击打开照片

Snapseed工具菜单界面

Snapseed滤镜菜单界面

13.2 超强滤镜功能

在手机后期处理操作中，滤镜效果的使用是很广泛的，同时，对于一些不知道怎么对照片进行修改的人来说，滤镜的使用可以让一切变得简单起来。

通常，为照片添加滤镜效果，基本上都是一键添加，操作非常简单，而在这些后期软件中，有很多都具有丰富的滤镜效果，滤镜效果让画面呈现的色彩也非常迷人，比如Rookie Cam、MIX、Fotor、Instagram以及相机360等软件的滤镜效果都非常出众，下面，我们就选择几款滤镜效果非常出众的软件为大家介绍。

13.2.1 Rookie Cam

Rookie Cam软件是一款既支持实时拍摄又支持后期处理的手机APP，对于后期处理方面，除了可以对照片进行清晰度、亮度、对比度、饱和度等基本信息的调节，丰富多彩的滤镜效果是该款软件最大的亮点，在Rookie Cam软件的滤镜效果中，有收费的滤镜效果，也有多种免费的滤镜效果，不同的色彩不同的风格，可以满足不同需求的人群。

原图

Rookie Cam中的“BLUSH”滤镜效果

Rookie Cam中的“OLIVE”滤镜效果

Rookie Cam中的“TIMBER”滤镜效果

Rookie Cam中的“MAPLE”滤镜效果

Rookie Cam中的“RUBY”滤镜效果

13.2.2 MIX滤镜大师

在前面内容中，我们介绍了很多关于相机360的特色功能，下面我们要介绍的这款MIX滤镜大师软件，其实是相机360推出的一款新产品，它拥有非常多的滤镜效果，在系统默认拥有的滤镜效果之外，还有很多未下载的滤镜效果，并且都是免费使用的，我们登录软件后就可以下载使用。另外，MIX的滤镜也可以分类查找，按照人物、风景、美食、景物、夜景来查找，使操作更加便捷。

原图

MIX中的“老街”滤镜效果

MIX中的“泛黄记忆”滤镜效果

MIX中的“通向秘境”滤镜效果

MIX中的“纽约生活”滤镜效果

MIX中的“冒险”滤镜效果

13.2.3 Fotor

利用Fotor对照片进行后期处理时，不需要太多烦琐的步骤就可以轻松得到高质量的图片效果，所以Fotor也是很多专业手机摄影玩家非常喜爱的软件之一。除了一些最基本的照片调节功能外，Fotor还拥有丰富的滤镜效果，并且滤镜效果的色彩也非常出众。

原图

Fotor中的“LIGHTEN”滤镜效果

Fotor中的“SECLUDED”滤镜效果

Fotor中的“DAWN LIGHT”滤镜效果

Fotor中的“DYNAMIC”滤镜效果

Fotor中的“REAL-ILLUSION”滤镜效果

13.3 美颜软件让你永葆青春容颜

在日常生活中，我们使用手机拍摄的最多题材其实还是人物照片，而随着手机前置摄像头像素的不断提高，有越来越多的人喜欢自拍。在自拍之后，使用美颜软件对照片进行一番修饰，会使画面中的自己变得更加漂亮。

如今有很多美颜软件在应用功能上都很强大，比如可以对人物皮肤进行美白、磨皮、祛斑祛痘等处理，也可以对人物五官进行瘦脸、亮眼、挺鼻甚至是美白牙齿等处理。

在对人物照片进行美颜处理时，美颜相机以及天天P图是非常不错的软件，下面我们就为大家分别介绍。

13.3.1 美颜相机

美颜相机是由美图秀秀团队倾力打造的一款美颜后期软件，它支持拍摄时的瞬间自动美颜，软件会按照拍摄前的美颜设置对照片直接作出处理，把手机变成一款功能强大的自拍神器。除了支持自拍之外，美颜相机还拥有高级美颜功能，在高级美颜功能中，我们可以选择手机相册中的照片进行美颜处理。

高级美颜中的功能更加丰富，有美白牙齿、缩小鼻翼、淡化黑眼圈、眼睛放大、祛斑祛痘、肤色、美颜特效等调整功能，下面我们就为大家介绍美颜相机的使用方法。

美颜相机具有边拍摄边处理的“自拍”模式。

1. 在美颜相机的主菜单界面，点击“自拍”即可进入拍摄界面，可以进行边拍摄边处理

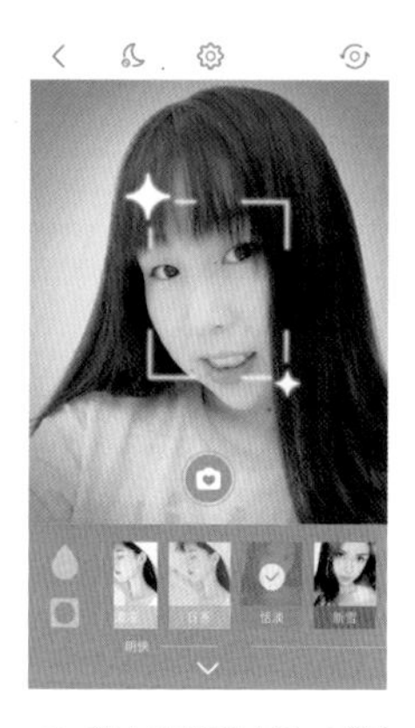

2. 进入自拍模式后，可以选择美颜、美妆拍摄模式，也可以选择特效菜单中的不同效果以及梦幻菜单中的不同效果

3. 美颜相机方便快捷的边拍边处理功能，令很多女性朋友都很喜爱，此图为进入美颜相机时的界面图

13.3.2 天天P图

天天P图是一款支持美颜拍摄和美颜编辑的手机美颜软件，我们可以直接打开天天P图中的自拍功能进行自拍，在自拍过程中可以选择相应的特效、装饰等设置。在拍摄完成后，就会得到之前设置的美颜照片。

另外，我们也可以通过美容美妆功能，对手机相册里的照片进行美颜编辑，天天P图在美颜处理上支持特效、美白、磨皮、瘦鼻、白牙、长腿等设置，下面我们就用图片来介绍天天P图。

天天P图不仅可以对照片进行美颜处理，还可以添加很多有趣的动画效果

天天P图中的自拍模式，其提供的设置选择非常丰富，得到效果也很有趣。

1. 在天天P图的主菜单界面，选择下方的照相机图标，即可进入拍摄模式，进行边拍摄边处理

2. 进入自拍模式后，可以选择不同风格的美颜模式，比如蔷薇、樱红、粉嫩、地中海、莫斯科、浪漫、邻家等

3. 选择一种美颜风格后，可以点击滤镜缩略图上方的小人头像，控制美颜强度，一共有五个级别

4. 另外，还可以在自拍时加入有趣的卡通图案，选好卡通效果后，相机会自动侦测人物脸部位置，并添加相应的卡通图案

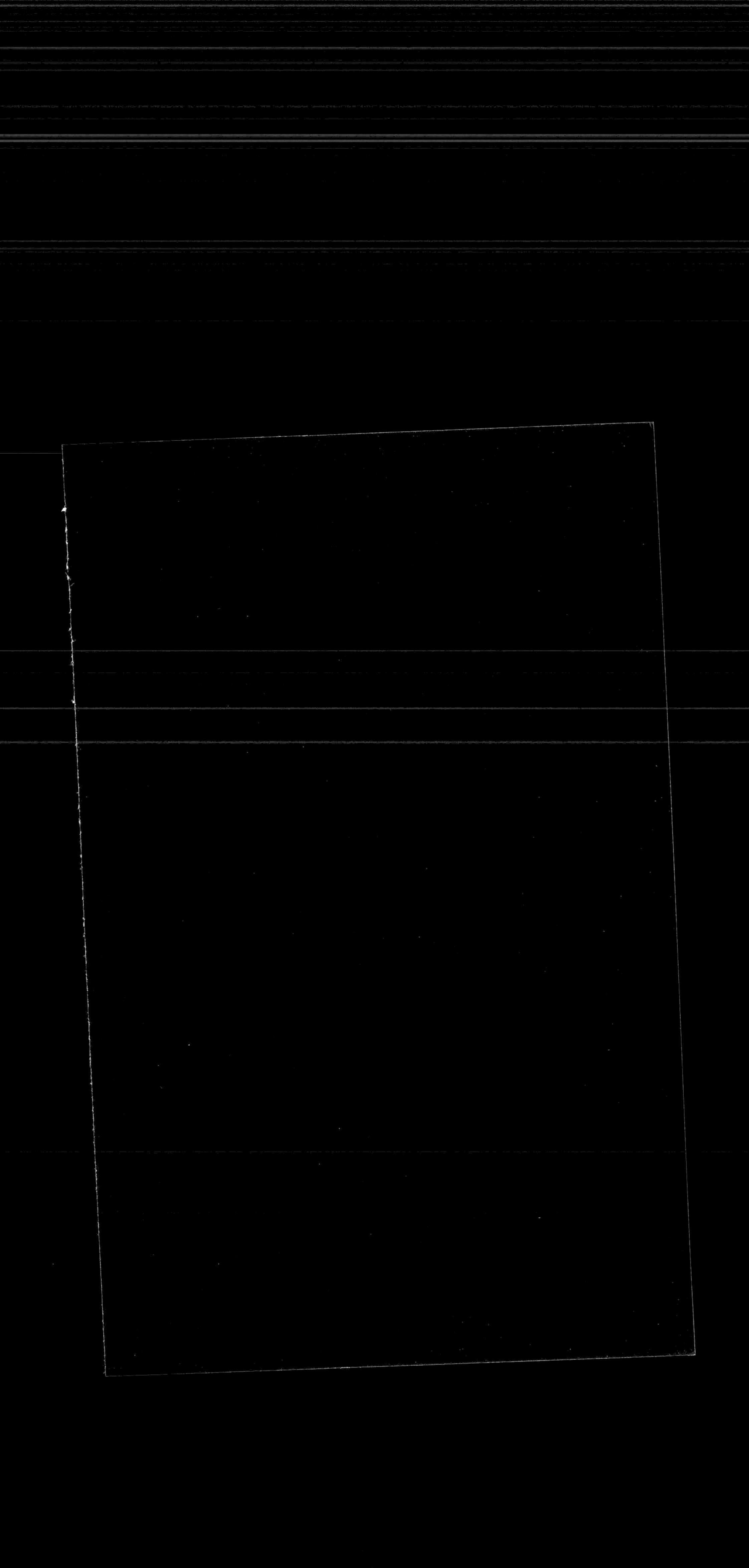